THE SOURCE POWER OF WORK

工作源动力

气怎么理才顺 活怎么干才爽

胡兴龙◎著

中国财政经济出版社

图书在版编目（CIP）数据

工作源动力：气怎么理才顺，活怎么干才爽 / 胡兴龙著 . —北京：中国财政经济出版社，2013.12

（企业成长力书架）

ISBN 978-7-5095-4862-2

Ⅰ.①工… Ⅱ. ①胡… Ⅲ.①成功心理 - 通俗读物 Ⅳ.①B848.4-49

中国版本图书馆CIP数据核字（2013）第242280号

责任编辑：马　真　　责任印制：刘春年

责任校对：王　英　　装帧设计：盛世纳唐

中国财政经济出版社出版

URL：http//www.cfeph.cn

E-mail：cfeph@cfeph.cn

社址：北京市海淀区阜成路甲28号　邮政编码：100142

营销中心电话：010-88190406　北京财经书店电话：010-64033436

北京富生印刷厂印刷　各地新华书店经销

787×1092毫米　16开　14.5印张　155000字

2014年5月第1版　2014年8月北京第2次印刷

定价：35.00元

ISBN 978-7-5095-4862-2 / F·3939

（图书出现印装问题，本社负责调换）

本社质量投诉电话：010-88190744

反盗版举报热线：88190492　88190446

QIYECHENGZHANGLISHUJIA

企业成长力书架

编委会

主办单位 北京联大文化发展有限公司 www.ldwhbook.cn

『序言』

没有无能的企业，只有不去改变的自己

老板总希望企业能够多给自己一些回报，打造更广阔的平台，并且带领员工一同进步。相对的，在很多员工眼中，理想中的企业，应当有明亮的环境、鲜明的文化、丰富的内涵和良好的人文环境。然而现实总没有理想“丰满”，当我们面对困难、人际关系出现障碍的时候，心里便开始抱怨：这个企业真不怎么样！

确实，没有哪一个企业是完美的，或者说令所有员工满意。也正因为还存在进步空间，工作才变得有意义。事物都存在两面性，如果把太多目光集中在消极方面，就无法关注积极要素。与其抱怨企业无能，不如尝试改变自己。你用不同眼光看问题，结果也可能不一样。

幸福的人，是因为他们看待世界的眼光充满幸福，他们自信、自爱、尊重身边的人、愿意为工作付出努力……当你弥补劣势，思考如何令自己更强大的时候，工作源动力会给予你极大支持。然而，如何激发工作源动力，日渐成为很多人关注的焦点呢？

这本书正是送给想寻求改变的你——通过案例和论述，总结了充实、详细、精彩的学习方法，帮助你充分修炼自我，不断聚集工作源动力，成为快乐的职场人。

本书分为五部分，分别讲述了如何克服冲动心理、找到管理和现

实的平衡点、重建思考的心智模式、纠正偏差的平衡心理和意识与动力的关系，让读者从这些方面进行自我“修正”，从而得到良好的心理锻炼。

相信通过阅读，读者们将获得关于修炼和提升的明确思路，从中找到聚集源动力的有效办法。

同时，本书还具备以下特点：每一小节都通过案例，或列举出员工在工作中可能出现的困惑，防患于未然，或展示员工通过积极的办法，有效处理工作中的困难和矛盾。通过阅读这些案例，相信读者可以找到其背后不同的渊源，并通过合理分析、综合判断，解开其中蕴藏的规律。另外，本书用贴近现实的模式，以正确的分析来为案例做出诠释，用相对轻松明快、通俗易懂的语言为你指点出修炼的途径，从而使你获得正确的发展之路。这些论述结合案例，针对性强，同时结合日常工作实际，有理有据、条理清楚、言之有物。

读者可以将书中介绍的方法运用到工作中，不但有助于解决实际问题，还能在修炼中形成较好的心理素质，提升整体竞争力，从而在工作源动力的推动下，成就物质和精神双重财富。

通过阅读本书，相信每位读者都将学习到更多激活工作源动力的方法，最终成为拥有高度幸福感的职场人，并将正能量传递给身边的同事！

『目录』

第四章　纠偏与重建心理平衡

——你以为企业会因为你的不满而对你妥协吗?

第五章　意识源自行动力

——当你不能左右潜意识时，你还能改变什么?

第一章

欲求不满的冲动心理

为什么你总是看老板不顺眼，和企业唱反调？

◎ 企业怎么了？老板怎么了？你怎么了？

◎ 是企业容不下你，还是你不能宽容老板？

◎ 为什么大道理都懂却还是看不开，做不对？

◎ 为什么总是愤怒、焦虑和抱怨？

企业怎么了？老板怎么了？你怎么了？

常有企业员工抱怨：人在屋檐下，不得不低头；为了混口饭，压抑死我了；上班比上坟还难过……

似乎在员工眼中，企业成了“监狱”，老板成了“恶魔”。而在老板心中，员工也并不是完美的“天使”。

当我们越看老板越不顺眼，和企业唱反调时，不禁疑问：企业怎么了？老板怎么了？

但很少有人问：我怎么了？

或许，当你解开上述谜题后，就会多一点职场幸福感，也多一分工作的源动力。

◆ 越加薪越不快乐？

为何越加薪越不快乐？为什么巨额奖金却换不回高业绩？

在我们的既定思维逻辑中，总是轻而易举地推测企业激励的强弱程度与员工的表现之间存在某种联系。而通常情况下，员工接收到的激励程度越强，所表现出的工作激情就越高，从而创造的效益就越高。这样的推论似乎不无道理，但这并不能排除一些直觉与现实不合拍的特殊情况。

回首2012年，“你幸福吗？”这个没缘由突然出现的问题，突兀地抛给了亿万中国人，让人感到迷惑不解，匪夷所思。而由此引发的富人和穷人谁更容易幸福的讨论，也此起彼伏，缺乏定论。

更多员工联想到自己同企业的现实关系：企业希望从自己这里获得的是业绩、利润，而自己从企业那里希望得到的则是高薪、职位，看起来，事情就是这么简单。

然而，既定思维下的推论真的那么客观、现实、毫无破绽？难道加薪就必然会带来内心积极的正面能量？答案恐怕不尽然。

我有一位好友Damien在某企业做营销部助理，在这个岗位上，他已经奉献了自己五年的青春，用Damien自己的话来说“我这样的助理，实际上就是把所有事情大包大揽下来的‘万能人’”。而他的顶头上司——人力部经理，却因为是老板的同学，虽然很少做事，却凭借强大的人际关系在企业游刃有余、地位稳固，在Damien看来，上司无非是躺在自己的工作成果上而已。

因此，每当上司或老板因为Damien的工作业绩感到欣慰，为他一次次拨出奖金，或给予加薪的奖励后，Damien表面上的欣喜和感谢之下，埋藏着的是一颗动荡不安的心。私下里，他向自己那些同公司圈子无关的朋友抱怨说：“什么加薪！还不是不打算提拔我，就发点钱糊弄！拜托，这样的物价飞涨，千把块钱够做什么呢？真是黑心的家伙！”

就这样，越加薪，Damien就越不快乐。

同样的情况其实出现在很多的企业中，员工以为一旦企业给自己加薪，就意味着他们对其工作有更多的需要和肯定，意味着自己即将在公司出人头地，意味着平淡生活将就此改变，美好的日子即将到来，意味着曾经的经济窘迫将远走高飞，自己很快会在大城市里拥有自己想要的一切……然而，当红包、奖金或者加薪通知下发到他们的手上，他们惊讶地发现，这样的加薪远远支撑不起自己对于老板、企业、职场的一切美好幻想，构筑的美好环境就会迅速崩塌，于是，原先对自己和环境的信心，也在顷刻间荡然无存。有人抱怨所加薪水没达到自己心中的水平线，有人担心拿了这么多的钱领不回那么多的功绩，到时一样会被看扁……

可见，越加薪越不快乐的事情，时常在职场的每个角落、每段故事中不断上演，并不断形成阻碍个人发展的负能量。

明明可以获取正面能量却发展成了负能量，坦白说，这是因为许多人欲求不满，因而将加薪本身看得太过重要，似乎所有曾经对企业的不满都能通过一次加薪而有所转变。

在现实中，加薪实际上承担不了那么多期望，更不应该带来那些失望。

首先，不少人觉得，加薪的程度，最多每月多个几百元到上千元的收入，随便吃个饭或者去趟酒吧也就花掉了，和自己对公司的贡献相比，实在是微不足道。他们无法换一种眼光去看待自己加薪的数字，实际上，如果加薪是一生的事情，那么，接下来的30年工作中，这次加薪将给他们整整带来几十万元的收益！更何况，加薪并不可能只有一次！

因此，意识到加薪的数字其实并没有你想象的那么低，或许会让你对加薪重新投出正确的认识眼光，并重新衡量自己和企业的关系。

其次，加薪或许改变不了你的生活，但已经改变了身边人对你的看法。

当Damien因为不满而向他人倾诉时，实际上他并没有意识到他人因为加薪而对他产生的必然看法。在Damien的眼中，同事会像他一样，无视加薪带来的变化，领导则会因为已经给他加薪而感到内心平衡。但实际上，那些没有获得加薪的同事，远远比Damien更在乎这几百到上千块钱，他们会暗自思考、比较乃至议论，这无疑给Damien的工作带来更多压力，同样，领导也并不会那么快就忘记加薪的事情，他们将用新标准来考量Damien的工作表现。

绝大多数加薪都是这样的模式：被加薪人自己很难看到加薪背后的含义，而加薪者却期待着他们能够获得充分积极的能量，同事们则会用更加“苛刻”的标准来对其加以衡量。如果被加薪人能真正看到这里蕴藏的更多职场机会，或许就能从不快乐的负面心理环境中走出来，并相信下一次加薪会因为自己的努力而更快到来。

另外，加薪这件事情的本身，也可以是职场人自我成长的机会。抛开其他一切因素不论，加薪带来的直接正面后果，除了你每个月可以多一点收入之外，还应该有其更大的意义。比如，通过加薪，你将比从前多出一点收入，即使这是一点微薄收入，但完全可以因此启发你的“财商”，走向自我锻炼理财能力的路途。你可以在加薪之后尝试将多出来的薪水结余投入到让个人财富保值的项目上，并期待生活因此多出些新的变化。即使没有这样的计划，这一点点加薪，也将带来和朋友多一次聚会的快乐，或者享受着家人的共同欢欣，又或者享受着他人羡慕的眼神等，这些也同样能构成你生命中正能量的来源。为了这些正能量，你又为何不感谢为你加薪的企业和老板呢？

其实，职场中的不快乐并没有我们想象中的那么多，如同“越加薪越不爽”这样的负面情绪一样，许多来自于工作中的烦躁、不安、痛苦等，其实并非来自人们身处的真正环境，而是来自于他们对于企业的误读，来自于他们错误的观察和感受模式，也来自于他们的错误思维体系和行动指针。

在错误理念的干扰下，人们无从得到促进其进取的正能量，工作很难快乐，愿望很难实现。因此，不妨对自己的内心进行重新思考和选择，用更新之后的视线，重新考量下面的问题：你把老板和企业当什么，并从中获取怎样的力量？

◆ 你把老板和企业当什么？

去年，网络上曾流传这样一句话：上班比上坟的心情还要沉重。一时间，无数网友争相转发，其中大多数是上班族，因为这句话正道出了他们的“心声”，在打工者眼中，似乎老板是赤裸裸的剥削者，是从自己身上榨取剩余价值的“恶魔”，而企业就是束缚他们的“牢笼”，是使上班族失去自由的罪魁祸首。

如果你总是这么消极，把老板和企业当作自己的“敌人”，如何快乐起来、拥有工作的原动力呢？

缺少职场幸福感的人，很难被委以重任，甚至无法寻得一份满意的工作。拥有消极心态的职场人会靠不停跳槽来弥补内心的不平衡感，会用“唱反调”的方式来发泄心中的愤懑。实际上，越是看老板不顺眼的人，越无法有良好的职业发展。

成功不仅靠能力，还要靠积极的心态，多数职场人会张口即来：“我这么辛苦地工作，老板却非常清闲，我拿着微薄的薪水，他们却都是富翁。”甚至会把“资本家”、“剥削者”等帽子扣在老板头上，好似自己每天都在非常委屈地工作。与他们相比，能够保持积极心态的人更容易获得晋升机会，与前者相比，后者很明显处于良性循环的状态，这不由得引人思考。

30岁的Ben是一家公司的市场部主管，我们结识于一场活动，并很快成为朋友。通过交谈发现，这位年轻人不仅拥有优秀的工作能力，更重要的是他保持着良好的心态，用他的话说：“我没必要把老板当成‘阶级敌人’，我得感谢他，在我还是毛头小伙的时候，给了我工作的机会。”在我看来，Ben总是这么积极乐观，当我感叹他“永远精力充沛”的时候，他表示，自己不过是将所有精神都集中于有意义的事情上，与其花时间对老板“评头论足”，不如想着如何处理好手上的工作，成绩、过失和抱怨都被上司看在眼中，他们更关注成绩，这也是我立足公司的“资本”。

前一段时间，Ben需要在本部门中提拔一位副主管，他最终选择了Hale，这让其他职员吃惊不已，不论学历还是能力，他都不是最出众的，不过Ben有他自己的理由：“Hale是员工中少数可以保持乐观的人，积极的心态赋予他更多潜力。”

如果你愿意带着感恩的心，会发现老板有时候也挺可爱的，埋头工作固然重要，但是良好的人际交往会使得你用更短的时间接近成功。一天中1/3的时间都在工作，尽管你很不想看到老板，但他还是会出现在你面前，既然你们之间存在雇佣关系的事实无法改变，为什么不通过改变心态来改变自己的命运呢？

首先，尊重多一点，埋怨少一点。我不止一次对学员说，在新加坡，就连幼儿园的孩子们都知道交际能力的重要性。不论你的老板通过何种方式取得今天的成就，不论你所在的企业如何实现今天的规模，他们都必然经历了你所没有经历的漫长创业期，甚至在已有成就的今天，还顶着你无法想象的压力，你可能只需要对自己、对家人负责，而老板还必须支撑起所有员工的希望，在公司，你只需要处理某个领域的工作，然而老板必须时刻站在全局的高度，因为他的某个决策可能会影响企业的成败。说到这里，你的心中也会升腾起敬意吧，学会尊重你的老板，也是释放心理压力的好办法，从小到大，我们几乎都在接受一种“小农教育”，长期以自我为中心，会渐渐减弱尊重和理解的能力，不妨将“拉希尔法则”铭记于心：学会尊重。

职场欲望的积累，可能是由于嫉妒心理在作祟，或许老板的家族早已完成原始资本的积累，或许他之前获得了很多机遇，当你在感叹自己“命苦”的时候，是否想过更重要的内在因素呢？自己不努力的人，不仅无法守住“江山”，更不会把握好机遇，尊重你的老板，才能够被对方的正能量感染，如果你可以把他们当成自己的“偶像”，就有可能成为快乐的成功者。

其次，“谢谢”多一句，冲动少一点。正因为太多人觉得薪水、奖金、晋升理所应当，才会摆出“永远不满足”的样子，在年终岁尾的各大年会上，几乎所有企业的老总都会宴请员工，感谢他们在过去的一年中，为企业做出的贡献，这种感恩的心态你是否也具备？当你欣然接受入职通知书，可否想到过自己只是刚走出校门，有没有为企业愿意培养你而心存“感激”？当你坐在回家的班车上，有没有为企业提供的生活服务而感动？

Ben完全可以换一种思考方式：自己身为名牌大学的研究生，为什么企业就不应当收他入伍？为什么没有给予更丰厚的薪水和更重要的职位？其实，被太多类似的心理干扰，你便无法把全身心都投入到工作中，自己还整天气得要命，学会对老板说“谢谢”并不难，当你愿意放低自己，并且集中全力处理工作，你也能够少一点冲动，用感恩的心态面对老板。

有学员问过我：“如果老板给了我一次晋升的机会，我感谢他，自己是否会变得安于现状，停滞不前？”“感恩”的作用恰巧相反，会使你对老板少一些怨气，多几分理解和尊重，你会觉得老板看得见你的努力，努力是会有回报的，这样一来，你便处于良性循环的工作状态。

此外，员工与老板应当是互为合作的“平等关系”。不论是从法律来看，还是从人们根深蒂固的观念中来看，老板总是高高在上，员工只有“被剥削”的份儿，从现实的角度说，老板为员工提供设备、工作场所、机会……员工利用这些为老板创造财富，最终才能获利，这看似和谐的关系，为什么总是被“曲解”？重点便在“利益”二字上，员工觉得自己得到的太少了，老板觉得自己给得够多了，分歧由此产生。

如果我告诉你，你和老板是平等的关系，你会惊讶吗？他没有你，设备就会被闲置，没办法产生经济效益；你没有他，就失去了工作的机会，一分钱薪水都不会领到。企业效益好了，员工福利就会相应增加；员工素质提高了，工作效率就会显现，企业就能赚更多的钱。

员工只是被管理，这是正常的工作需要，由于分工不同而引起的，你没必要为“听命于他人”而不爽，与其将老板看成“恶魔”，不妨用更客观的眼光对待，他是指引你的人，从他的处事方法中，你能学习到更多工作经验。

其实，并没有人或是什么条文规定了员工和老板的关系，平等与否都来自于大家内心的解读，面对工作，你可以觉得自己赚了，因为你不但获得了金钱，还见识了解决实际问题的方法，而后者可能会在将来很长时间里，令你得到更多劳动报酬和取得更高职位；你也可以觉得自己亏了，因为你用无数汗水只换来丰厚利润中的一丁点。可见，职场中的任何一件事情都存在两面性，聪明的人自然会选择前者，有学员反驳我说："这明明是自欺欺人。"我们真的是在欺骗自己吗？当然不是，这是练就强大职场情商的必要手段，你的心理越强大，你越能够打败竞争者，别人再怎么赐予你力量，都不如藏于你内心的原动力。

工作原动力都是自己给的，如果可以用积极的心态面对老板，用正确的眼光看待企业，便可以帮助你集聚更多精神力量。老板不是你的敌人，而是你赖以生存的最重要伙伴。怨气太多，不仅影响到你的情绪，最终导致工作积极性下降，还会令你错失很多机遇，职业发展就有可能出现阻滞。

所以说，尊重、理解、信任你的老板，才是创造良好合作关系的前提，你的改变对方可以感觉到，并且会予以回馈。

◆ 为何总觉得别人向我投来异样的目光？

"总是觉得别人看我的眼光很奇怪！"不少人都有这样的感觉，明明自己已经非常"低调"，为何还会引来这么多异样的目光？

其实，这些感觉都来源于你的心理世界，或许他看的不是你，而是墙上的挂钟？或许对方无意间向你这边瞟了一眼，根本没有人在议论你。

因为太希望自己能够表现出色，并且获得好口碑，你可能会陷入紧张的情绪中，甚至神经过敏，如果无法及时调整心态，压力就会增加。何不甩开膀子干，只关注自己的“一亩三分地”，太注意别人的目光，正能量就难以聚集。

有一次，我见来上课的梅先生很疲惫，便过去找他聊天，对方说，自己从国外留学回来便在这家公司上班，快一年半了，有海外留学背景的他是公司屈指可数的高才生，却一直没有出色的表现，最近，他甚至觉得同事和老板总是向他投来异样的目光，压力越大，就越无法安心工作。

我对他进行了简单的开导：“你的工作很忙碌，其他人也是，所以他们并没有太多时间来观察你，也没有那么多精力评价你的工作，更何况谁也无法控制别人的思想，与其对此耿耿于怀，不如用专心工作的方式来应对同事和老板的质疑。”

随后，我做了个小调查，不少人存在这方面的困惑，正因为太过于在意自己的“形象”，往往更容易陷入死胡同，心情不美丽，工作怎么会有积极性呢？有些人说：“我就是摆脱不了这种感觉。”不妨从另一个角度想，同事为什么要向你投来异样的目光？自己只是无数上班族中的一员，按照公司流程做事，工作小心谨慎……他们并没有任何理由这么做。

当然，你最关心老板看你的眼神。上班族们说：“好像就没见老板开心过。”“想要他夸你一句比登天还难。”现实中，老板好像永远都不满意下属的工作，这是普遍存在的心理，你不必因此觉得他看的你眼光不对劲，有时候，老板将默许和赞美放在了心里，是希望你有提高的空间，读懂这“异样”目光中的意义，工作才有可能进步。

其次，你所在的工作环境会不断发生变化，同事换了好几拨，或是你跳槽去了新公司，等等，所有人在面对陌生环境时，都会先观察周围的一切，你在新环境中的不适感别人也有，在这个过程中，你难免会觉得其他人在打量你，实际上，这是很正常的熟悉过程，并不代表你无法适应环境。

如果你能够缩短适应时间，不仅会很快解开这方面的困惑，而且会很快为自己赢得良好的人际关系。想要与不熟悉的人建立关系，先要消除对方的戒备心理，通俗地说，可以展现自己“无害”的一面，并且尊重和理解你的同事，你们之间便会很快建立职场友谊。

这种友谊的建立，会增加你的安全感，至少你们已经达成共识：双方并不是敌对关系，甚至有可能成为“战友”，这种感觉无疑是美好的，减弱了你对工作的负面看法。

此外，摆正自己的位置同样重要。职场是一个特殊的环境，哪怕你曾是大家口中的“高才生”，都不能保证出色地完成每一项工作，尤其是刚走进职场的新人，实际工作总是比理论知识复杂。尽管梅先生有良好的教育背景，可是并不代表他的工作能力同样一流，特别是在接手新工作后，需要熟悉业务的过程，哪怕你顶着闪亮的光环，都要以低姿态面对工作。你或许会认为：自己是别人眼里的“能人”，有学历和工作经验，他们肯定都眼巴巴看着我能做出成绩，如果做不好就会很丢人。

这无疑增加了你的心理压力，总觉得别人用特殊的眼神看你。这时你不妨换一种思考方式：自己永远抱着“学习”的心态，尽可能低调，将过去的成绩放在一边，重新开始。身上的负担轻了，压在心里的大石头也就被挪开了，原来自己并不够“重量级”，所以别人也无须用异样的目光看你。

你的周围活跃着同事、老板，他们不可能当你不存在，当你接受这个“现实”的时候，还要提醒自己，别人的每一束目光都有意义，并非是对你有看法，这是合理职场关系中的组成部分。

◆ 为何老板让我往东我偏想往西？

回忆我们的成长经历，似乎谁都有过逆反心理，当你走进职场，这种长期没有出现过的状态好像“一触即发”，就是不想按照老板的要求做，他让你往东，你偏想往西。公司会下设很多部门，又将不同工作分配给下属，不少人觉得：老板只可能对其中某些工作比较熟悉，或是老板从没有考虑过下属的难处，所以不想按照对方说的做。

结果呢？你肯定不敢“忤逆”老板的意思，只能心中闷闷不乐，导致工作状态欠佳。我曾对学员说：“不妨将老板的思路都当成是正确的。”你们在企业中的定位不同，都有自己的立场，老板是决策者，你是执行者，“越位”只会带来不好的后果。

培训课上，我认识了在某企业上班的小李，他向我诉说了自己的苦恼：“我不喜欢老板给我分派任务，我有自己的思路，可是老板的想法总与我相悖。”原来，小李存在比较严重的“职场逆反心理”，他是科班出身，老板反而是这一行的“空降兵”，所以存在不少有分歧的情况，作为下属，小李又只能按照老板的意思做，所以工作得很不开心。

如果你愿意换位思考，就会发现你与老板是站在不同高度，他在做出任何决定前，都要从全局出发，这或许是你没意料到的。你们的工作性质不一样，他需要想好如何做，才能有利于企业管理，为团队工作营造良好的环境，作为执行者的你，必须把解决实际问题当成“第一要务”，想要让自己心情明朗起来，不妨看看我的观点：

首先，为自己设立一个前提。就像玩游戏，谁都要遵照游戏规则，工作亦如此。游戏开始前，就已经设定了参与者的角色，他是老板，你是员工，前者宣布“命令”，后者执行“命令”，如果不按照游戏规则做，游戏就会乱套，到了实际工作中，不仅员工个人情绪会出现异样，还会影响团队协作。

当你还没有开始工作，不妨先设立和确定好前提：企业中的每一名员工都有相应的角色，有需要完成的工作内容。你需要不断提醒自己：处理好角色非常重要，我得根据老板的要求工作，并且配合其他同事，至于老板为何这样决策，自然有他的道理。

其次，相信你的老板。你之所以产生“逆反心理”，是因为觉得老板的“本事”还没有你大，这是不信任的表现。小李便出于这种心态：自己有专业知识，也积累了好几年的工作经验，早已形成了思路，我凭什么要跟着老板的思路走呢？或许他的想法还不如我。如果你能够换一种思考方式去相信对方：他的想法一定更适合这项工作，虽然我们的想法相差甚远，但是不失为一种全新的思考方式。信任是团队合作的关键，不仅体现在同事之间，上下级的关系中一样需要。

很多人的观念是，老板只会做对自己有利的事情，他让下属完成某项工作，是为了挣更多利益，而你可能连1%都分不到。那么，你有没有想过，他为什么要求你去做？这不仅是出于对你的信任，还想让你从中收获更多经验。你可能会说："这件事情我哪怕闭着眼睛都能完成。"确实，老板需要一个有十足把握的下属完成工作，但是同样一件事情，在不同情况下会导致不同结果，期间也会有"突发情况"发生，对于你来说，这是非常难得的学习机会，可能你从中只赚了几块钱，可是这些经验会一直伴随你。

当然，老板的每一次安排都是经过深思熟虑的，他在分配任务之前，会想得比较详尽，他需要的不仅是一个结果，更重要的是从中发现有潜力的员工，并且让他们得到锻炼。作为下属，不妨将目光多放在好的一方面,看看完成这项工作能否为自己带来金钱以外的"好处"。好处越多，你干活的劲头就越大，渐渐地，你也开始相信老板，对于你积攒工作积极性是有很大帮助的。

还有，做一个会换位思考的下属也很重要。企业中，员工总觉得自己处于弱势，未曾想到老板们的"烦恼"，不妨学着换位思考，如果你是老板，该如何管理团队呢？有人爱说空话："如果我是老板，一定多多给员工发福利，不加班！"现实真的允许这样吗？认真的换位思考,是将自己放在领导的角色中,凡事从全局出发,思考过程越缜密，越能够减少你对老板的反感，打破既定的思维模式，让自己以更轻松的姿态面对工作，这就是积累正能量的过程。

体会到了老板的不易和对每一件事情的细致思考，这种逆反心理就会减轻，对老板的信任也会逐日增加，这对于巩固你自己设立的“游戏规则”很有帮助。调整了心理状态，你身体中的能量就会增加，精神就会一直激励你的脚步，从而获得精神和物质上的双赢。

是企业容不下你，还是你不能宽容老板?

很多人觉得自己和企业是对立的，好似一对“冤家”，自己的行为与企业的要求格格不入，心里却又无法宽容老板，有人说:“太多想法放在心里，老板根本不会采纳。”可见，心中的抱怨是一切消极因素的源头。实际上，企业和员工并不对立，只要你找到其中的“平衡点”，用宽容的心对待工作，一切都会变得美好起来。

◆ 我凭什么要听别人的话?

身为员工，你总是在别人的指挥下工作，每天要做的无非是完成老板的指令，自己的想法不得不被“搁浅”，由此引发了很多人的感慨：我凭什么要听别人的话?

听话似乎成为很多人摆脱不了的“职场宿命”，面对高压的环境，不少人开始不满：我凭什么要听别人的话?

可曾想过，你在企业中的位置是什么？领导者负责决策和下达命令，执行者负责完成这些命令，你说，不听话行吗？这仅仅是因为分工不同而造成的结果，何必要变成积累负能量的源泉呢？身为团队中的一员，如果你能够配合其他人的行动，团队的协调性就会上升，水涨船高的道理大家都明白，这个集体越进步，你越能够从中获得你想要的东西，无论是物质还是精神上的满足，都足以激发你的工作积极性，当然，这是在你配合的基础上产生的。

对工作产生厌恶情绪的人，多半是不能宽容其所在的企业和老板的人。其实宽容并不难，就是学着从对方的角度考虑问题，同时看到事务的不同方面。例如，老板让你马上去出差，可是你手中还有很多未完成的工作，更何况这也不是什么轻松的“差事”，凭什么要你去做？不妨换一种理解方式：正因为老板出于对你的信任，所以让你去完成这项非常重要的工作，对你自己来说，完成棘手的事情，也是自我锻炼的良好方式，你还有什么理由消极面对呢？

一次活动中，我认识了在A公司任职的王先生，30多岁的他看起来很憔悴。聊到自己的工作，他说：“我换过好几份工作，都没办法让自己满意，薪水也低得可怜。我明明有很强的能力，而老板只是个大专生，我凭什么要听他的，按照我的思路来也可以把事情做得很好。”

经过几分钟的谈话，我发现他有很强烈的消极情绪，凡事都认为自己是对的，老板在他眼中一无是处，可是，老板交代的任务又不能不完成，在这种恶性循环下，王先生只能用频繁跳槽来掩盖内心的烦闷。

其实，烦躁并不能解决实际问题。很多人说自己捧着的是“泥饭碗”，导致工作不稳定的因素很多，你自己的情绪便是其中之一。无法宽容你的老板，但是你又不得不去完成他交代的工作，除非你能够改变其中一样。那么，我建议你选择前者，宽容对方不仅是一种良好的自我激励方式，同时也是释放情绪的重要方法。

如何尝试宽容你的老板，让自己不再反感他说话呢？

首先，认真分析老板的“指令”。没分析过，你怎么就能断定老板的话毫无根据、毫无可行性呢？当对方和你说：“嗨，你去将仓库的工具分类整理好。”别着急觉得这是一项苦差事，而是仔细想想老板为什么要你去做？等你想清楚原因，厌倦情绪或许就会减少，因为你觉得这是一件值得做的事情。

在不少职员看来，老板被定义成“总是让你重复劳动”、“让你去做没有意义的事情”、“把没有价值的事情安排给你”的人，真的是这样的吗？实际上，哪怕老板让你现在去打扫卫生间，都有他做出这项决定的理由；他想通过这件事情磨炼你的耐性。

其次，把自己的想法和老板的想法对比，找出其中的不同点。很多人觉得不爱听老板的，是因为自己有想法，甚至认为他们的想法更“靠谱”，不妨将它们相互比较，看看谁的想法更有利于工作。例如，你马上要去出差，老板让你先解决 A 公司的事情，再接手 B 公司的业务，而你的想法恰好相反，谁的方案更有利于这件事情呢？要考虑清楚这件事，必须联想到方方面面，才能得出最终的结论。

说服自己最好的办法是“用事实说话”，老板的决策更有利于结果，你必须按照他说的办，此时，早已心服口服的你，还会想着与老板“顶针”么？凭着他对工作的敏感度和缜密的思维，你并没有“不听话”的理由。

还有，要学会一些自我安慰方法。有些时候，你的想法也许比老板的还要有用，出于种种原因，对方没有采纳，你就因此“罢工”了吗？你当然不能砸了自己的“饭碗”，为了不让自己在郁闷的情绪下工作，不妨学会一些自我安慰的方法：

1. 深呼吸，尽可能保持心情良好。当你情绪不稳定，不妨先停下手上的工作，做几次深呼吸，并且告诉自己：我没有让心情不好的理由。情绪不好，你怎么能有较高的工作效率呢？

2. 把发生的一切看成是应该发生的。不论是老板驳回你的建议，还是他将一项艰巨的任务交给你，这些都是你作为团队成员应当承受的，无论你内心是否愿意，都应该完成这些工作，与其带着情绪上班，不如清楚地告诉自己：嗨，这些都是我要做的。

在职场中，能够宽容老板的人，会在良好的心态下工作，这种正能量的积累会激发内心的积极性，少说点“凭什么”，多拿出点实力，老板才会对你刮目相看。

◆ 我凭什么不能做自己喜欢的工作？

越来越多的人感慨：“理想很丰满，现实很骨感。”当我们年少的时候，会憧憬未来，等到真正走进职场，若干年后却发现，自己始终没有缘分做喜欢的事情。由此，我不禁要问：到底是你太挑剔？还是现实真的那么残酷？

老板既然支付给你薪水，自然是要求你做出成绩。在这个过程中，你会遇到很多令人烦恼的事情，例如，同事不配合、来自团队外的压力、老板的苛求等，如果没有及时调整好心态，你便会觉得无从下手。

什么是喜欢的工作？其实，抛开光鲜的“外衣”，任何工作都是枯燥的，都是需要你去计算、协调的。与其苦苦找寻一份自己喜欢的工作，不如令自己喜欢当前的工作。

一次活动中，我认识了在B企业供职的艾伦，这个干练的小伙子从大学毕业后便在这家企业上班，从最初的销售员做到现在的主管，只用了3年时间。通过交谈，我了解到他原来是计算机专业的，这是他的爱好，所以当初选择的时候毫不犹豫。

就业的时候，由于种种原因，他在B企业当销售员，这份几乎要从头学起的工作，让艾伦很吃力，但是他没有想过放弃，通过一点一滴的积累，渐渐成为一名业务熟练的销售员，之后又成为主管。他说："工作几年间，我的很多同学换了好几份工作，跳槽就意味着重新开始，一开始，我并不喜欢销售工作，'感情'是需要培养的，现在，我和这份工作已经'日久生情'了。"

其实，很多人虽说自己干着不喜欢的工作，却说不出自己喜欢什么，就像恋爱，爱情都是令人向往的，可是一触及日常生活，便会产生很多琐碎的事情，让人觉得烦闷。

幸福从不会去找消极的人，积极、有上进心才是锁定幸福的法宝，那么，如何让自己爱上工作，并且从中获得幸福呢？

首先，学会反思，工作中还有哪些需要改进的地方？当你静下心来，眼前就会出现一项项任务，例如，你今天要执行A计划、明天要出差等，然后将这些工作再进行细分，任务越细化，你就会做得越细致，思路也就越清晰，还会感觉到烦躁吗？可见，良好的工作习惯也是"排忧解难"的好方法，尽可能完善自己的工作，当你顺利排除困难，成就感便油然而生，还会对工作产生厌倦吗？

时常问问自己：幸福来自于哪里？才有可能去创造幸福，这是很好的切入口。例如，你是一个喜欢挑战的人，当你完成一项项高难度的任务，自然会觉得心安。

为什么有些人工作起来能够得心应手，而有些人却显得焦头烂额，显然前者在后者眼中是一帆风顺的，前者是幸福的，后者反之。

其实，幸福指数的差异，来自于你对工作的用心程度，越用心的人，越能够精心钻研，哪怕只是每天改进一点点，长期积累下来，也是非常大的进步。在很多人看来，他们的工作内容是重复的，但是你却可以从中发现问题并且改进，当然，你不要过早想到结果，否则会令自己背负太多压力。将更多精力放在具体工作上，心理负担也就随之减少了，这有助于你积累正能量，帮助你更加有效地工作。

其次，权衡好工作中各要素的关系。如今，大家在选择工作的时候，会考虑综合因素：薪水、工作环境、内容、有无发展空间等，哪些要素更加重要？谁都无法给出定论，每个人都有自己的侧重点，只要令自己幸福快乐，没必要在乎太多。

记得一个朋友说："我要不是看这份工作薪水比较高，我早就不想干了。"可见，他已经非常厌倦这份工作，由于看问题的片面性，导致他长期处于精神压抑的状态，甚至出现消极怠工。精神是推动你进步的重要力量，如果这股力量消失了，便很难有出色的成绩。不妨来算一笔账：他在该企业的月薪为3000元，在其他公司可能只有2500元，但是前者令他头疼，产生厌恶，后者令他愉快，愿意积极工作，那么，后者肯定比前者更容易让他产生积极的情绪，做出令老板满意的成绩，更容易获得晋升机会，一旦把握住机会，薪水肯定会有所增加。

我常对学员说："各位要学算大账，而不是斤斤计较的小账。"由于太过在乎某个要素，你可能会放弃更好的发展机会，聪明的人总是能知道自己想要什么，当你也开始争取自己想要的东西，幸福感就会油然而生，经过努力后，得到了，便是最幸福的事情。

当然，学会修炼自己的性格也非常重要。很多人在刚到新公司上班的时候，对其充满好感，渐渐地，这种感觉消失，最终变成厌烦。总的来说，这是没有耐心的表现，每项工作在开始的时候，大多都很艰难，当你将整个事情的框架"搭建"起来，才会有得心应手的感觉。

谁没在工作中遇到过困难？哪怕你吵吵闹闹也无济于事，最终还是要完成它们的，不妨用宽容的心态去面对。例如，同事总是不配合自己，你不妨从他的角度考虑一下他不配合你的原因，如果总是以自己为"中心"，难免会给自己找不愉快。

积累正能量和寻找幸福感都需要你以平静的心态面对工作，营造良好的心理环境是激发工作灵感的关键，既然如此，你为什么不能让自己幸福起来呢？

◆ 我为什么不能与人为善，和睦共处？

前些天，我去亲戚家做客，看到刚回家的侄子摆着一副臭脸，问及原因，才知道是与单位同事发生了争执，这种情形，你是否也遇到过？

其实，你也想过要与人保持良好的关系，只是"实际情况不允许"；你看不惯他人的处事风格、你喜欢打抱不平等，到底要怎样才能维持良好的人际关系呢？

前来上培训课的李小姐是一家公司的策划部主管，对于如何处理职场人际关系，她有自己的想法："我们应当尊重老板、同事以及对手，这样才能在平等的情形下展开工作。上班时间，我与他们是合作关系，下班之后，我们只是非常普通的朋友，所以没必要将个人情绪甚至恩怨带入工作，那样会减弱你的沟通能力。"

所以说，工作的时候就应当做到对事不对人，切忌进行人身攻击。例如，你正和同事合作完成一项工作，当他们存在与你想法相悖的情况，应该第一时间想到的是沟通，而不是争执，因为吵架是无法解决实际问题的。

那么，如何与周围的人保持良好关系呢？你可以听听我的建议：

首先，正视自己和他人的能力。每个人都有属于自己的长处，你不能高估或低估自己，也不要轻易羡慕和轻视别人，哪怕对方是个清洁工，都应当尊重对方。例如，你很擅长计算机应用技术，而周围的同事都对此一窍不通，你不仅不能表现出非常高调的态度，还要在同事向你请教的时候，耐心地帮助他们。这样，还会处理不好人际关系吗？答案不仅是否定的，而且会令你在同事中有比较好的口碑。

另一方面，如果某位同事有较强的工作能力，你可以向其学习，甚至请教，但是不要表现出特别羡慕的神情，也不能在言语中表现出自己很"眼红"，否则会引起对方的反感。

与处理同事关系相比，处理好与老板的关系更加重要。由于双方定位的高度不同，首先要让他感受到你对其的尊重，在适当的时候，还要给老板"留足面子"。不论你的学历是否超越他，还是他的能力远远高于你，都和日常工作无关，尊重是出于礼貌，但是你也不能过于贬低自己的“身份”，做个有尊严的职员，才会受到老板的青睐。

其次，时刻保持积极的心态。如果你总是觉得大家很疏远你，不妨想想自己是否是个消极的人？积极的人就像存在某种能量，吸引身边的人靠近，如果整天忧心忡忡、唉声叹气，谁还会愿意和你沟通呢？

某期培训班中，有一位姓王的小伙子给我留下了很深刻的印象。他是个非常开朗的人，性格阳光，并且爱说笑，虽然是新人，但是他很快就与大家打成一片。通过观察，我发现小王是个乐观积极的人，正因为如此，所以才能够感染其他人。

不论出于哪种情况，积极向上总是主流思想，你有烦恼，其他人同样有，甚至比你更多，没必要将烦恼整天挂在脸上，唉声叹气也不能解决实际问题，不妨将待解决的事情归集起来，将用来“纠结”的时间去解决问题。保持积极的心态不是嘴上一句空话，而应该通过行动证明，你是有能力保持积极心态的。

还有，学会做个大气的人，避免斤斤计较。我们总是爱和豪爽的人交朋友，职场中也是如此，为了一点鸡毛蒜皮的小事与同事发生争执，会引起对方的反感。例如，你和同事一起外出办事，大家都又饿又渴，你即使只是请对方坐下来吃顿经济实惠的工作餐，也是为自己赢得人气的一种途径。

有些人喜欢计较小利益，反而会令自己的人缘很差，我常对学员说：“大事讲原则，小事看风格。”但凡是原则性问题，你不能退让，应当让别人清楚你的立场，如果是不起眼的小事，不妨“退一步海阔天空”，才能说明你是个好相处的人。

人际关系是靠一点一滴经营出来的，做个细心的人，并且时刻保持良好的心态，别人才愿意同你交流。值得注意的是，职场中没有谁比谁差的说法，所以需要你尊重每一个人。

◆ 我为什么不能成为企业的一道风景？

谁都想做鹤立鸡群的那个人，在公司里有超高的“点击率”，走到哪里都有可能接受同事的“注目礼”，可实际情况是，你并没有成为企业中的一道风景。

既然是风景，就一定有闪光的地方，或许你长得非常漂亮，或许你有超凡的才华，或许你是一个性格很好的人……总之，想要让大家都欣赏你，就需要拥有一定的“实力”。当然，也不是一定要成为风景，做真实的自己才是最好的。

我曾收到过一位学员的邮件，他告诉我，自己在一家公司默默无闻地工作了五年，岗位至今没有任何变动，鲜少参加同事聚会，他甚至说：“有些同事可能连我叫什么都不知道。”

结尾处，他问我：老师，怎样才能成为公司里的一道风景呢？

我是这样回复他的：在老板和同事看来，业绩是首当其冲的，你的工作能力强，自然会成为他们心中的“金字招牌”，所以说，提高业绩是你首先要做的。如何提高呢？你不能总守着自己的“一亩三分地”，可以主动与其他人沟通，善于表达自己的人，才有机会成为风景，因为你首先得让别人了解你。一旦沟通开来，就为大家提供了交流的平台，不妨将工作看成相互学习的过程，你的进步会被老板看在眼里，同事也会通过不断了解你，缩短与你的距离。在今后的一段时间中，你可能还是无法变成“风景”，但是与之前相比，你已经有了很大进步。

几乎人人都希望自己是“焦点”，最好的办法就是令自己有特色，如何才能做到这些呢？

首先，认真工作，这样的你才最美。不论男人还是女人，当他们全神贯注于一件事情，神情都是很迷人的，老板欣赏高效的员工，同事愿意和业务能力强的人沟通，你是来上班的，将你的本职工作干得出色，自然会成为“招牌”。

我曾遇到过一个学员，他也在苦恼自己为什么不是公司的焦点，于是，他将大量精力花在装扮自己和打听小道消息上，结果这个人称“小灵通”的人，只会在茶余饭后被大家提及。

有些人为了博“点击率”，通过一些“旁门左道”提升自己的人气，这样很难长久，也不利于你今后的职业发展。不论你是基层小职员，还是已经成为管理者，在不同阶段，你都有需要提高的地方。

有学员问：“我的工作很枯燥，每天干着重复的事情，哪怕我再认真工作都是老样子。”其实不然，即使你的工作内容只是接电话，都有不断改进的空间，从不断进步的过程中，别人会看出你的能力，这也是赢得目光的好途径。

其次，做个充满爱心的人。当我写下这个标题的时候，就有学员问：“难道在职场中，还有需要我奉献爱心的时候吗？”在很多人根深蒂固的思维中，工作环境不过是大家各忙各的，互不干涉而已，怎么说到有爱心呢？其实，职场人际关系只是人际交往中的一部分，当同事遇到困难，在你力所能及的情况下，应该向其伸出援手。例如，某位同事的孩子生病了，需要和同事调班，如果你的时间能安排得过来，不妨主动说："我和你换班吧。"对方会非常感谢你的。

此时，一定有不少人产生疑问："如果我是个有爱心的人，而别人都不是，我岂不是很吃亏？"有句老话说得好，"吃亏是福"，不要觉得你的努力白费了，其实别人都看得见。老板在选拔人才的时候，需要进行综合考虑，他会观察你的一言一行。想要与同事们处理好关系，就要从细节出发，这便是"细微处见真情"的道理。

当然，你也不一定必须成为"风景"，保持好人缘就可以了。太想成为焦点，往往会令你做出错误的决定。在很多人的想法中，"风景"一定是美轮美奂的，从而获得所有人的羡慕与敬仰，可是"高处不胜寒"，当你真正走到那一步的时候，就会发现周围人开始渐渐疏远你，这难道就是你要的结果吗？

我常对学员说："最难得的是在职场中保持良好的人缘。"你能够尊重老板，用平等的心态面对同事，并且做个"职场好心人"，是"求得好人缘"的重要途径。我的一个朋友，在公司上班七八年了，一直保持着很好的口碑，虽然不是最突出的人，却是老板眼中的"好员工"，同事心里的"好好先生"。

很多人之所以高调，是因为害怕被人"遗忘"了，其实，公司既然设立了该岗位，你的存在就是有意义的，不妨学会低调做人，或许你很安静，但是你能够迸发出无限能量。

当你开始认真地处理每一个细节，当你开始改变性格，做个很温和的"好人"，当你能够保持内心平静，做真实的自己，你就已经是一道靓丽的风景了。评价是他人给的，而你要做的，便是脚踏实地。

为什么大道理都懂却还是看不开，做不对？

大道理谁都懂，关键是要把正确的思路体现在日常工作中，谁也不欠谁，为什么总是对老板有“敌意”呢？不如看开些，让自己轻松起来，才有可能成为企业中靓丽的风景。

◆ 为什么老板总是想一出做一套？

不少人觉得，作为企业的核心人物，老板应当“言必信，行必果”，但为什么老板总是做法与想法不一致呢？曾听一位学员说：“谁能管着老板，既然他想这么做，我们做下属的就要按照他说的办，可这心里就是想不通。”

其实，老板也是普通人，他的想法会随时发生变化，面对复杂多变的企业环境，他不得不及时调整方案，当然，你不可能随时知道他的内心动态。下属之所以喜欢揣测老板的用意，是因为某些决策与自己有密切关系，不妨先来看一段案例：

小吴供职于某企业，一向工作兢兢业业的他，成为本次竞选部门主管的热点，就连他自己都觉得：“老板之前给了我很多暗示，并且亲自指导我设计竞选方案，看来我胜出是十拿九稳的事情了。”

最终的结果是，另一位参与者成为新的部门主管，小吴半天才反应过来："咳，没我啥事儿了。"他开始质疑，这老板到底是怎么想的，说不想让我当吧，偏偏之前很照顾我，可结果又是另一番样子……

有些时候，老板会否定之前的想法，开始重新规划某件事情，这样一来，结果可能会倾向或不利于你，你需要以什么心态来应对呢？

首先，坚持你的想法，按照原来的计划继续做事。当我告诉学员应该这么做的时候，他们表示不理解：老板都不按照说的做了，我们还坚持之前的想法有意义吗？当然有。作为管理者，老板的决策具有一定方向性，而你是执行者，具体工作内容不会发生太大变化，如果你能够不受影响，继续按照原来的步骤完成工作，不仅心理素质会得到提高，还能赢得老板的青睐，他需要淡定的人。

老板的做法与想法不一致，这已经成为无法改变的事实，当你的心情随之发生变化，不仅不能改变结果，反而还会打乱你的节奏，你看不开，就要为此付出代价。

案例中的小吴，在听到结果的时候，心情可能会非常低落，这时候的他，心理很脆弱，容易做出错误的行为，最好的办法就是按照原来的计划进行下一步工作。寻求突破是今后的事情，在你情绪出现异常的当下，放下手上的事情，或是按部就班都能帮助你顺利"过关"。

其次，保持淡定的心态，做个沉着冷静的人。很多事情，正因为你看不开，所以内心会很纠结，哪怕你不断问自己："老板为什么会想一套，做一套？本来应当……"也改变不了现状。我们不妨来剖析老板的心理：下属一定觉得我会实行 A 计划，我为什么要被他们掌控在手里？我是老板，我有权力否定自己的想法。

此时，你的老板已经不淡定了，因为他觉得你想要"揣测"和"控制”他的思想，这会让他觉得不舒服。为了摆脱这种情况，老板们不得不通过另一种实际行动证明：我可不是那么好控制的。

他不淡定，而你能保持平静的心态，从这个角度说，你已经胜过他了，至少你的内心更加强大，老板不过是将阶段性的结果放在你面前而已，你还有很多机会，这并不代表最后的结果。所以说，与其让自己在烦躁中煎熬，不如淡定一点，做出些成绩让老板刮目相看。

还有，你应当理解老板，他们也是有苦衷的。听到我说这些，有的人马上反驳：“老板有什么苦衷，所有的利益都倾向他们，打工者才是最无助的。”其实，老板们无助的时候比打工者更多，并且这种痛苦是你无法感受到的。

我认识一位私企老板，他坐在我面前的时候，显得很疲惫，说道：“公司的规模不大，却要面对各种负担，每天一睁开眼睛便会想到很多费用。前几天，仓库让我们签续租合同，我告诉下属一定要压低价格，不然不能签，结果他跑了好几次都没有结果，考虑到自己的时间紧张，当下又没办法去找其他仓库，只好在合同上签了字。”

如果你是那个被派遣去洽谈的员工，心里肯定不服气：我是根据你的要求跑了这么多次，结果最后又要我按照原先的价格签字，我之前的努力岂不是都白费了吗？如果你了解了老板的“心声”，可能会渐渐理解他，很多时候，老板希望将决策和方案设计得更好，但由于受到各方条件的限制，他们并没有达成原来的目标，这并不能说明老板“言而无信”，更不值得你为此而耿耿于怀。

如果你能够把更多精力放在自己的“一亩三分地”上，也就不会那么纠结于老板的言行了，否则会显得有些小家子气。老板很少会情绪化地改变想法和行动，与其为此闹情绪，不如去分析老板这么做的原因，这也是你积累更多经验的重要途径。

◆ 为什么冲动的时候工作行为容易偏激？

我曾看到过这样一个故事：小伙子即将去远方，路上偶遇一位老者，并且留给他一句话，不要在自己情绪激动的时候做出任何决定，因为这些决定多半是错误的。

这句话不禁引起很多人的共鸣，当自己情绪不好的时候，可能会做出不理智的行为，之后又后悔，你越冲动，工作中越容易出现偏激行为。人为什么会冲动？当你过于在乎一件事情，心情就会随着它的变化而起伏。例如，你非常重视手上的项目，为此花了很多精力，工作正顺利进行的时候，突然出现了一些问题，你的情绪肯定会受到影响，希望通过一切有可能的办法解决它们，这时候，你往往会做出不理智的行为。

曾流行过这么一句话：冲动是魔鬼。很多错误的发生都与当事人的情绪冲动有关，当然，我们都是有七情六欲的普通人，会被情绪牵绊，但是，如果你能够及时调整好情绪，就可以减少偏激行为的发生，让情绪在最短时间内步入“正轨”。

大伟是我的朋友，在某咨询公司任职已经两年了，工作却一直没有起色，他的心理素质不够好，遇事容易急躁，脾气还挺大。有一次，大伟在外地出差，听说总公司要过来检查工作，想到自己还有一些事情没完成，他开始急躁不安，匆匆处理好手上的工作，便赶回了办公室。结果呢？大伟不仅没有处理好外地的项目，之前的工作也是草草完成的，主管非常不满意他的表现，当众批评了他，由此，大伟更没有心思上班了。

当我们听到一个突然的消息，肯定会出现应激反应，例如，情绪突变、迷茫、缺少方向感等，就像热锅上的蚂蚁，找不到“逃生口”。很多人的做法是马上想尽一切办法，着手解决问题，殊不知自己已经使用了很偏激的行为。如何让自己在非常情况下保持冷静呢？你可以借鉴我的做法：

首先，情绪不好的时候，放下手上一切工作。某次，我觉察到助手的情绪很不好，便走过去安慰他，了解了原因后，我建议他马上放下手中的工作，去楼下喝杯咖啡再上来，助手答应了。虽然我知道他还有很多工作要完成，但是此时的他，可能会做出很偏激的行为，反而容易导致工作失误。

半个小时后，助手开始继续工作，我见他情绪已经平稳一些，工作也渐渐有了节奏。

工作中，谁都免不了遇到不开心的事情，你的情绪可能一下子被消极因素“占领”。更可怕的是，你觉得头脑完全不能做主，本应该按计划行事，手脚却不听使唤了，你越硬来，它们就越不听你的话，怎么办？不妨将所有的工作都放下，趁机休息片刻，将头脑放空，坏情绪才有可能原谅你，更重要的是，不能在此时做出任何重大决定，不然你一定会后悔。

有学员问：“我要休息多久？休息的时候，我应该干些什么？我如何休息呢？”关于时间，要根据不同情况来定。如果条件允许，你可以出去散散步，甚至请假回家睡一觉；如果手上的工作比较多，就要尽可能缩短休息时间，去喝点东西，或是到走廊上抽根烟。

休息的时候，你可以做任何能够平复心情的事情，例如，听听音乐、找人聊天、对着窗外发呆等。总之，什么事情能够让你高兴，你就去做。

值得一提的是，既然想要休息，就不能玩得太疯太累，因为你接下来还有很多工作要处理，休息是为了让自己的心情平静，如果弄到很疲惫，结果会适得其反。

其次，想清楚接下来要怎么做。情绪的变化通常与情况突变有密切关系，休息是为了调整好情绪，更重要的是想清楚自己还需要做什么。如果事情的整体方向没有发生变化，不妨先按照原来的计划“走”，但是要注意随时观察事情的动向；如果连方向都改变了，你就要静下心来，重新制定计划了。

你一定会说：“我之所以紧张，是因为担心时间不够或是因为某些事情让自己无法按时交出答卷，如果我重新制定计划，时间上如何安排得过来呢？正因为如此，我才会格外紧张，导致做出偏激的行为。”其实，无论事情好与坏，现实已经“板上钉钉”了，与其纠结于过去，不如放开胆子做后面的事情。有一次，学员小张给我发来邮件，说是最近工作遇到了些问题，之前的计划不能用了，他非常着急，托很多人帮忙，可还是没有头绪，他也知道自己的行为很偏激，却总是无法克制。

面对这样的情况，想要得到一个好的结果，就得有一往无前的勇气，把之前完成的工作整理好，提炼出尚可以用的部分，再进行计划调整，这已经是挽救整个工作的最好办法。此时，你就别将太多目光停留在结果上了，因为你可能什么也不会得到，抱着这样的心理去享受过程吧，或许结果就是对你最好的恩赐。

当然，你也可以去请教有经验的人。你会冲动，是因为对问题的了解不够深，导致一时无法找到解决的办法，情绪越急躁，越处理不好工作。这时候，不妨请教那些有经验的人，往往他们的一句话就能使你豁然开朗。

有一次，我发现学员马克连续好几次没来上课，便给他去了电话。通过交谈得知，马克正被一个项目弄得焦头烂额，语气明显带着情绪，他还透露说，因为找不到正确的处理方法，他准备使用另一个计划，该计划有风险，却是不得已而为之。

想要改变这个状况，不妨从深呼吸开始，将更多精力放在“解决”二字上！我笑道：“马克，你怎么不早点来找我呢？我可以指导你的工作呀，这个事情并没有你想象中那么复杂。”于是，我说了自己的观点和方法，几句话后，马克说：“老师，我真该早点想到您了。”

可见，你手上握着很多把“钥匙”，哪怕情况再紧急，你都能够找到突破口，想到这里，你还有烦躁的理由吗？积累起来的坏情绪会导致你身体中的负能量增加，你会变得消极，甚至做出不理智的行为。

◆ 感性行为与理性心理

感性的人会被情绪牵绊，理性的人更加尊重客观事实。前者能够满足自己一时的心理需求，却有可能导致不理想的结果，而后者却可以帮助你顺利完成所有工作，但是它会令你痛苦，甚至必要时，你必须做出抉择。

我曾对学员开玩笑：“令自己最痛苦的事情，莫过于有一颗理性的心，却做着感性的事儿。”有时候，你已经警告过自己：必须理性看待问题，但等到真正着手的时候，却因为害怕等原因，绕过最困难的事情。

我的一位朋友在H公司上班，他是个能够理性看待问题的人，还常同我分析问题。前段时间，他的某位部下出现违反岗位纪律的事情，刚开始，他只是警告对方，时间长了，他也觉得处罚力度太轻，决定改变处理方式。他对我说：“这个员工的办事能力强，我一直很欣赏，可是最近他的表现太不好了，我必须责罚他，不然，我难以服众啊。”我很同意他的想法，毕竟，作为团队的管理者，这是他应当完成的事情。

过了几天，我向他提及这件事情，我的朋友显得有些拘束：“那个……我也没怎么处罚他，也就是说说，毕竟像他这么优秀的销售员也不好找。”

其实，我的这位朋友心里很明白：哪怕再优秀的销售员，都必须严格遵守公司制度，如果对方有意违背，是要付出相应代价的。不过，心里清楚没用，他的行为过于感性，就算之前决定了什么，也没有付之行动，一切都是空话。那么，该如何做，你才能改变现状，让自己理性一点呢？

首先，尝试去做害怕和讨厌的事情。不少人会陷入这样的循环中：明知道有些事情很重要，却因为害怕和讨厌而逃避，时间久了，这些事情就会不断积累，最终形成你的“短板”，哪怕你每天都下决心完成它们，可手上还是会迟迟不行动。不妨“豁出去一次”，就是要做自己不喜欢的事情，当你迈出第一步后，或许会发现，其实，事情并不这么“恐怖”。

例如，你很讨厌制定工作计划，以往都是等到“火烧眉毛”的时候才不得不做，之后草草了事交给主管，当同事们都在按照计划工作时，你发现自己列的东西根本不实用，却又懒得再写，这一晃，一个月过去了……你可以试试这个办法，每个月第一天，把其他工作全部抛开，先把计划制定好，前提是认真做这个事情，心无旁骛，不能敷衍了事，经过一段时间的“强制执行”，你便会形成习惯，今后做起来就不会很痛苦了。

我们往往会被别人的神情吓到，在自己还没有经历前，因为看到了同事的“痛苦状”而决定改变处理方式，这种跟着情绪走的感性行为，会成为你的“绊脚石”，不妨对自己“狠一点”，就是要着手做害怕的事情。

你或许被同事的抱怨吓怕了：“我真不该接这个项目，简直是一场折磨人的游戏。”一句话让原本踌躇满志的你开始“打退堂鼓”，其实，你也知道自己应该理性一点：事情远没有你想象中困难，你必须去尝试！却始终无法控制自己向后退的脚步。

实际上，当别人告诉你他的感受，只能代表他对某件事情的评价而已，他尝试了，经历了过程，甚至也体会过害怕，现在，他和你说的一切只代表过去，而结果是显而易见的：他顺利完成了这件事！

说到这里，你还会害怕吗？职场需要有信心的人，你不能因为同事的一句话就改变原有的理性思考，让自己做个彻底的理性者，最好的办法就是去尝试。

其次，你要有明确的目标。思考并不是难事，你可以盘算着：我今天必须完成某项工作，但是行动却有可能不那么雷厉风行。很多人犯难：为什么我的想法很理性，行动却总爱跟着自己的性子走呢？

答案很简单，就是因为你缺少明确的目标！

例如，你准备去远方，就需要先计划好哪天出发、乘坐什么交通工具、从哪里走、途经哪些地方、如何应付突发情况等，当这些都想好了，你还会迟迟不动身吗？

工作亦是如此，你既要有理性的想法，还要有切实可行的计划，计划不妨尽可能详细，你想到的细节越多，消极情绪就会减少，并且你会觉得工作越来越得心应手，这些都是帮助你形成理想工作方式的有效途径。

当然，你不妨去设想一些困难。例如，你打算去拜访某位客户，对方会有什么反应？如果对方不理解你的想法，你将采取何种方式说服他？甚至客户不愿意见你一面，你该怎么办？困难和解决办法都想到了，你还会束手无策、意气用事吗？

值得一提的是，你也没必要将事情想得太坏，考虑周全即可，如果一开始就产生很多顾虑，你就会连迈出第一步的勇气都没有了。

还有，别过早想到结果。当我说出这个观点的时候，有学员反驳我："老师，我们那么辛苦地工作，可不就是为了结果吗？如果这点追求都没有了，我们还奋斗个什么劲儿。"确实，你应该有目标，才会需要完成这件事情，可是目标不能成为你的"心理负担"，轻装上阵的人更容易获得结果。我常对学员说："过程也是充满意义的，结果应当被我们锁在心里，而不是挂在嘴边，占据你思维超过一半的东西，应当是'我下一步要做什么'，只有把握好当前，你才有可能获得想要的结果。"

很多人觉得："哎，我没救了，明明告诉自己要理性，手上却不听使唤。”其实，想要改变现状只是“一念之间”的事情，最重要的是不害怕，最有效的是制定计划和踏实做好每一个步骤。

为什么总是愤怒、焦虑和抱怨?

如果总是以自己为中心，当然无法理解别人，所以才会产生焦虑的情绪。总是想着困难和不顺的人，永远无法品尝到胜利的果实，所以，打败愤怒的最好办法，就是让自己接受一切。

◆ 为什么总是看不惯周围的一切?

很多人尝试寻找焦虑和愤怒的根源，才发现自己原来是个性格古怪的人，看不惯周围的一切，总觉得自己是中心，是“老大”！我暂且把中国式教育定义为“小农教育”，这种凡事以自己为中心的思想左右了大家很多年。当你走进职场，自然无法一下子就改变过来，你觉得老板不如你，同事更不如你，最可气的是，老板坐拥百万、千万资产，同事的薪水也比你高，左想右想，你还怎么咽得下这口气?

好了，发泄归发泄，你也该想想如何改变自己的心理状态了，职场本就是由形形色色的人构成的，你无法容下他人，也就无法融进团队。

尝试去发现别人的闪光点，届时你会恍然大悟:“原来他的成功并非偶然。”尝试将发生的一切都看成是正常情况:老板青睐能力强的员工是理所应当；小李工作努力，本月优秀员工奖应当颁发给他；老板交代的工作都在我的职责内，没有推脱的道理……这时候，你的心情是不是已经平复了很多？

一次课间，学员小张找我聊天，说起他的苦恼：他从没有觉得上班很快乐，并且总是觉得老板和同事在欺负自己。用小张的话说："我不明白为什么要参加那么多科室聚会？我不清楚同事们在一起怎么会有这么多话题，连今天穿的鞋子也要讨论？我工作也非常认真，为什么没听到老板表扬过我一次？"

通过交谈，我发现小张是个"很自我"的人，当事情的发展超过他的预想，便会觉得不安，甚至烦躁，他缺乏职场安全感，生怕自己成为"另类"，其实，长期处于这种心理状态下的他，早已变成了"独行侠"。

你可以适当"打击"自己：我凭什么看不惯周围的一切？当心情得以平复，便可以对此进行分析，找到产生这种心态的根源。那么，你到底要如何做呢？不妨听听我的建议：

首先，尝试"眼不见为净"，先调整好情绪。工作中，你可能长期对某个人或某件事情不满，后来因为一件事情而爆发出来，使得情绪在短期内出现很大波动。这时候，不妨"闭上你的眼睛"，不去看或想这闹心的场面，找个安静的地方休息，对调整你的情绪很有好处。

日常生活中，我们通常会拉开正在打架的两个人，如果他们互相看着对方，"火气"永远下不去，我教你的方法便是这个道理。例如，你非常讨厌某位同事，他正巧走过来与大家聊天，你可以找个理由去休息室喝点咖啡，看不见、听不到，你的情绪就不会一下子变得很差。

其次,事先给自己打好“预防针”。简单地说,就是给自己提个醒儿,例如,你很讨厌的某位同事下午要过来找你,不妨先对自己说好:他肯定非常啰唆,还喜欢较真儿,这就是他的性格,我要适应他。这种方法我自己也用过,非常有效,尝试宽慰自己,令自己看得开,免得突然面对人或事务时,会显得手足无措。

在你看来,以上两种方法似乎“治标不治本”,光调节自己的情绪没用,还要彻底改变你对事物的看法,不妨静下心来分析自己与他人的优劣势,再进行相互比较。

例如,小 A 是你很讨厌的同事,通过观察发现,他的沟通能力很强,而这正是你的弱项,他具备较全面的专业知识,这也是你所欠缺的;从自身的角度分析,你的学习能力强,能够很快适应新环境和新工作。

其实,人各有所长,谁都不会很完美,与其花精力讨厌、烦躁、嫉妒,不如想想如何提高自己的能力。曾有学员开玩笑说:“老师,我真该早些掂掂自己有几两重,这一分析不得了,我的能力还不如人家呢,还讨厌个什么劲儿,得想办法提高自己。”

话糙理不糙,如果你能够摆正位置,便可以更加理性地对待周围的人和事,及时调整心态是为了让自己在平静的情绪下工作,你能够正视自己和同事,便可以抛去“有色眼镜”,这些都有利于你的职业发展。

◆ 为什么情绪总是容易冲动?

曾有个学员说,自己就像火药桶,动不动便会生气,上班的时候,不好在众人面前发作,憋在心里又实在难受,结果呢?把工作搞得一塌糊涂。

不少人遇到过类似的情况，我把他们笑称为“连屁股都摸不得的老虎”，情绪一旦失控，大脑就不听使唤了，就像很多人说的：“人倒霉的时候，喝凉水都会塞牙。”

其实，你的运气不差，为什么要说自己很倒霉呢？情绪是可以调节的，不妨做情绪的主人，让它在你的掌控范围中。

大家之所以容易冲动，是因为情绪极端化，听到好消息会得意忘形，收到坏消息又变得沮丧懊恼，我曾做过一个形象的比方：如果你的情绪有弹性，就会减少冲动的次数。

那么，如何让情绪有弹性呢？不妨先来看一个案例：

培训课上，我曾在学员们毫无防备的情况下做过一个实验。那天，我走进教室，让一部分学员先出去，然后，把门关好，对剩余的人说：“由于你们之前的表现不好，或是某些人跟不上课程进度，我决定停掉你们的课。”话音刚落，我就发现学员们的表情开始“凝固”，有些人把拳头握起来，好像要揍我一顿，我继续说：“这就是我的决定，如果你们不同意，可以私下找我商量，不过我会考虑增加你们的学费。”这时候，某人“噌”地一下站起来，开始诉说自己的不满，虽然没有大吼大叫，但是我能感觉到他冲动的情绪。

几分钟后，我让在门外等候的学员进来，告诉他们如何让情绪有弹性，然后重复了之前的话，前一拨学员恍然大悟，后一拨学员并没有表现出很冲动的情绪，反而有个学员问我：“老师，我们哪个地方做得不够好，可以说说嘛？我们也好改正啊。”我还听到有几位学员在应声附和……

可见，有效的心理暗示就像润滑剂，抚平你情绪中很毛躁的部分，当然，想要改变自己的心理状态，还要遵循一定步骤：

首先，给自己积极的心理暗示。人的潜力无限，越积极的心理暗示，越能够激发你的潜力，例如，当你因为某件事情而恼火，不妨在心中默念：没关系，我一定能解决这个问题，别人对我无法构成影响等。这是对自己的安慰，也是暗示，在实际操作之前，让自己有良好的心理环境，负担减轻了，手脚自然能够放得开。

就像案例中，我给后一拨学员设定了前提：他们的情绪是有弹性的，这个想法会存在于学员的潜意识中，简单地讲，他们在不知不觉间已经开始控制情绪。当你听到老板说："嗨，你真是个优秀的员工"，你一定会信心百倍地工作，如果老板说泄气的话："你就是比不上人家"，你还会充满积极性吗？

很多人说："他太幸运了，获得很好的机会，又是一个努力的人，所有事情都倾向于他。"其实，每个人都是幸运的，区别在于你是否将幸运"当回事儿"。如果你在一开始就告诉自己："我一定会一帆风顺。"即使遇到问题，你也不会觉得这是个多大的坎儿，因为你相信自己，常说自己"倒霉"的人，会遇到喝凉水都塞牙的情况，反之，你会觉得自己特别幸福。

其次，在最短时间里整理好思路。遇到不顺利的时候，要先用有效的自我安慰方式平复心情，接下来要做的就是整理好思路，不给自己任何冲动的机会。例如，老板告诉你：马上编制一份表格，他急需！你看看时间，只有两个小时，这几乎是不可能完成的，此时的你一定非常着急，恨不得马上狂敲键盘。然而，我给你的建议是，不妨先花

5分钟想想，自己要按照怎样的步骤做，条理清晰了，工作效率就会提高，也避免了错误的发生。

有一个学员，是某公司的中层管理者，他非常苦恼："老师，我是个急脾气，动不动就爱发火，看到下属出现工作失误，或是没有按照我的要求完成，我就气不打一处来，我这毛病还改得掉吗？"

类似情况很多。当错误已经产生，下属肯定会心惊胆战地听从你"发落"，责骂他们的结果，只会让对方在惶恐的心理状态下完成剩下的工作，对结果毫无意义。如果你能够采用较为温和的处理方式：同员工一起找原因，并且制定新的方案，他们不仅会感激你，而且有可能迅速将理想的结果呈现出来，这种理性和谐的工作方式，难道不是你想要的吗？

还有，别忘记回顾整件事情，为今后的工作积累经验。每次克服了冲动后，再回头看看自己是如何完成这件事情的？这是一次积累经验的过程，甚至可以形成"套路"：下次再遇到类似情况，你就知道该如何做了。

你的职场阅历越丰富，发生冲动的情况就越少，因为胸有成竹的你，早已预料到过程中可能发生的事情，分别会导致什么样的结果，而这些都源于你对过往经验的积累。我们都知道，越年长的人，越能够在突发状况面前保持淡定，正因为他们"走过的桥，比新人走过的路还要多"。所以，他们并不会产生恐惧心理。

对于你来说，处理的每一项工作，都是职业发展的基础。当下属手足无措的时候，你可以非常轻松地告诉他们：你应该这么做！或是在指导他们工作的时候，能够很轻易、全面地将重点、难点提前告知他们，提升工作的效率。

为什么别人都是克制情绪，而你却常常很冲动？因为你缺少经验、没有及时调整思路、没有适时给予自己积极的心理暗示，做到了这些，冲动便会离你越来越远。

◆ 为什么挫折感和焦虑总是挥之不去？

前段时间，某杂志做了一个名为“职场心理亚健康”的调查活动，结果显示很多人长期被挫折感和焦虑所包围，他们觉得自己很失败，因此情绪变坏，由此，引发了一个话题：如何让挫折感和焦虑远离自己？

需要承认的是，你之所以会产生挫折感，是因为你有目标，希望自己成功，这是非常好的先决条件，接下来就要看你怎么处理它。

上周，我收到一位学员的邮件。他说：老师，我原本是个非常自信的人，来到该公司 1 年多了，挫折感始终伴随着我，我没有获得过一次“优秀员工”奖，我只是很平庸地工作着，我有自己的目标，可是现在看来，几乎是不可能实现了，所以我非常焦虑，甚至每天晚上都睡不踏实。

我是这样回复他的：你是个刚刚踏入职场的年轻人，前方等待你的是非常美好的未来，工作暂时没有起色并不可怕，你需要做的只是调整目标和计划。你所在的企业，可能对“优秀员工”评比活动非常严格，没关系，把这个目标分解开来，一点点地实现，有了小成就，你的焦虑感就会减少，当然，小成就是实现大成功的基础！

根据我的了解，很多人在一开始就把目标定得很大，生怕自己不能成功。例如，他们会在拿到人生第一份 offer 的时候说：“五年后，我要成为该部门的主管！”目标太大，也会令人迷茫，所以说，切实可行的计划，才是缓解挫折感和焦虑感的关键。工作中，你会遇到很多令自己苦恼的事情，只有合理地化解它们，幸福感才会降临。

首先，把挫折看成锻炼，坏消息也能变成好消息。社会在不断进步，可是人们的心理承受能力却在下降，大家越来越不能面对困难，哪怕明知道自己可以解决它们。我们会经历几十年的职场生涯，遇到点困难算什么呢？其实，挫折对你来说是很好的锻炼机会，不仅令你有非常深刻的印象，还激发了你的潜力，当解决了问题，你一定会感叹：原来自己还能如此！

别害怕听到坏消息，尤其对于初涉职场的新人来说，更需要历练，不然如何能发现自己的潜力呢？当你遇到困难的时候，会下意识接近气场更强大的人，这是寻求保护的心理，然而，你完全有可能自己强大起来，不再需要别人的“庇佑”。想要达到这种“境界”，你必须先经过锻炼，如果挫折能够给你带来这么多好处，你还会觉得这是个坏消息吗？

其次，今日事今日毕，你才能睡得好。在我刚刚参加工作的时候，还有拖拉的毛病，做事慢吞吞，如果临近下班，我肯定马上拎包走人，结果呢？晚上开始惴惴不安，万一明天早上来不及做怎么办？越不安就越难以入眠，甚至连做梦都在赶进度。我决定改变，一定要在完成工作后才下班。

良好的工作习惯能够减轻你的心理负担，当你在最短时间里将工作都完成了，便会觉得整个人轻松了一大截；事情越拖越多，你也会越来越感到厌烦，最终要不草草了事，要不就只能熬夜加班干活了，这样一来，你的心情还能好起来吗？

还有，你的目标和计划应该是可行的。谁都不能一口吃成大胖子，实现目标的过程是需要循序渐进的，你不妨将目标设定为：长期、中期和短期，再根据时间制定年度、月度、周和日计划，把这些事情分得越细致，你的工作越完善，万一出现问题，也能够在第一时间发现，这是提高效率的好办法。

执行越周密的计划，你的底气就越足，为了实现更好的结果，不妨时常检查计划的可行性，把错误率降到最低，挫折感就会越来越远离你。

工作中，遇到困难是正常的，也会时常出现消极情绪，远离它们的最直接办法就是改变现有的做事计划，计划越合理，困难便越少，焦虑感也会随之消失。

◆ 为什么除了抱怨、抱怨还是抱怨？

如今，更多的人开始关注“吐槽网站”，将工作和生活中遇到的烦心事，一股脑儿说出来，心里便好受很多。由此引发这个话题：为什么会产生这么多抱怨呢？

在你眼中，老板布置的很多工作都是没有意义的，但却不得不做，你得抱怨一番才舒心；你老看不惯某位同事的言行，你得找人抱怨一番心里才好受；每逢发薪水，手捧少得可怜的工资单，你还得找个地方吐槽……这样想来，确实有很多令你不爽的事情，虽然不能改变，难道还不允许我嘴上说说吗？

然而，抱怨之后你的心情就好了？工作就顺利了？下个月就加薪了吗？当然不是。与其痛苦地接受现实，不如开心地改变现状，抱怨只能产生负能量，积极的心态才是积累正能量的重要因素。

强林是我的朋友，在某中型企业工作，上个月，我接到他的电话："老兄，我实在受够这份工作了，老板让我带项目，但是既没有把最优秀的人才给我，也没有提供相应的资料，难道还要我操心这些事情吗？"我说："这次可能是特殊情况吧，你这么能干，就多担待点。"只听见他嘟哝了好大一会儿，终于撂下电话去做事了。

几天后，我又接到他的抱怨电话："老兄，这帮人真不够意思，我在前方奋战，他们不仅没有给予支持，还把我好不容易弄到的人挖走了，我为什么要答应做这个项目，我不是吃饱了撑的吗？"我感觉到他火冒三丈的神态，赶紧宽慰他。

一周后，他又找我抱怨，说了各种不顺心的事情，连我都听烦了，问道："项目进行得怎么样了？""嗨，这不刚刚开始做嘛，我都着急得上火了，还在医院打吊针呢……"

有人觉得抱怨能够排解掉内心的烦闷，事实果真如此吗？等你吐完槽，心情就好了吗？这种方法"治标不治本"，想要彻底清理你的烦恼，不妨借鉴我的观点：

首先，永远保持乐观的心境。曾听过一句玩笑话："没心没肺的人，都是快乐的。"当然，这种说法有些夸张了，却折射出一个道理：适当放空自己，做一只空杯，才能透明、安静。

例如，因为某些事情，上司批评了你，你肯定非常沮丧，如果把不良情绪带到工作中，就会对其产生负面影响，你越是想着它，就越是摆脱不了，当不良情绪积累到一定程度，你必须找个突破口，这就是你抱怨的动机。

如果能够做个“没心没肺”的人，只把教训记在心里，其他难听话统统“左耳进右耳出”，等你开始工作，心情又变得简单而美好，这才是提高效率的好方法。

职场是个毫不留情面的地方，你可能随时会听到批评、议论、责骂等，如果这些全被你收入囊中，肯定会被气得浑身发抖，得赶快找个发泄的地方，所以很多人才会说：“我也不想抱怨，可就是忍不住说了。”想要做个“百毒不侵”的人，就得学会筛选信息，把有用的信息记录下来，那些无关紧要而且难听的议论，全都抛在身体之外，当你只会想：“我该如何完成这项工作？”烦恼就会远离你，并且你的工作效率也会提高。

其次，保持“好学生心态”也非常重要。之所以抱怨，不外乎觉得别人的想法不对，我常听人这样说：“他的做法简直是在走弯路，没必要那样，我的想法更适合。”你看，正因为你很相信自己的想法，才会对别人的建议产生怀疑，有时候，当你专心研究别人的做法，就会发现其中的“奥秘”，或许很多细节就是你没想到的。不妨做个“好学生”吧，通过分析他人的意见，从而提高自己的业务水平，当然，这时候的你已经不会再抱怨了。

还有，让宽容成为你的“招牌”。越来越多的人难以做到这一点，他们觉得宽容只会给对手增加机会，实际上，做个宽容的职场人，不仅是对自身心灵的释放，也是营造良好人际关系的基础。谁都难免会犯错，同事的错误还有可能“波及”你，甚至会让你将已经完成的事情从头再来，这时候，抱怨还有意义吗？别人也是无心犯错，你的工作中也有可能出现错误，就算你痛骂他也无济于事，不妨一起分析发生错误的原因，然后把剩下的工作完成，同事会感激你的宽容。

通俗地说，抱怨就是你受气后发泄出来的过程，如果你没有被不良情绪困扰，或是及时化解了心结，还会再抱怨吗？

第二章

管理与现实的失衡

为什么你总觉得自己精明能干而手下都是笨鸟？

◎ 为什么认真工作的人越来越少？

◎ 为什么动不动就针锋相对的人越来越多？

◎ 真实企业到底是什么样？是否有自己的管理系统？

◎ 为何总是在管理与现实中感到不平衡？

为什么认真工作的人越来越少?

管理者觉得自己累，是因为他们没有完成从执行者到决策者的转化，他们既要管理统筹，又要关心工作中的细节，能不累吗？一些本该由下属完成的工作，他们却在亲力亲为，这不仅打乱了职场规则，也令员工产生疑惑——老板不信任我吗？

管理与现实应当是平衡的，具体该如何做，我想你会找到自己想要的答案！

◆ 为什么你不敢放手让下属去执行?

一个“累”字道出了管理者的心声，他们应当是分派工作的人，却成为执行者，导致的结果是:员工不满、老板不满、自己吃力不讨好，归根结底的问题是:他们不敢放手让下属去执行。

原因很简单:害怕出现错误！其实，管理者也是从基层做起的，如果他们没有接受过锻炼，如何坐到今天的位置？回想之前的工作，你是否也有焦头烂额的时候？你是否也出现过工作失误？然而你将这些都克服了，所以说，事情远没有你想象的那么恐怖，团队成员是你招募进来的，对于他们的背景，你都有所了解，他们经历过试用期，也被“前辈”带出了师，能够独立处理工作，你还在担心什么？

越害怕出现错误，你就越提心吊胆，言行不免会过激，让员工产生心理负担，这种人为形成的高压环境会令下属“喘不过气”，导致思路出现混乱。

先来看看这位销售主管的一天：

清晨，老高很早就出门了，位于某镇的专卖店今天做活动，他不放心业务员小李，决定亲自过去看看。驱车一个小时后，老高加入到活动过程中，活动顺利进行，他也就放心了，正要坐下休息，手机响了，原来是助手小王：“高总，Y公司的人过来检查产品，需要我们提供一系列资料，最后还要在协议上签字，请问是等您回来，还是让赵主管带他们过去？”老高想，Y公司是大客户，千万不能出现任何差错，立刻说：“等我回去。”

一眨眼便到了下午，老高有些疲惫了，坐在沙发上打瞌睡，手上还捏着电话，生怕小李那边的活动出现问题，会找不到自己……

你看看，这样的领导当得是有多累啊！既然工作已经分配给员工，你只要指导他们完成就可以了，没必要亲自做，管理者有属于自己的岗位职责，你把时间都用来处理具体事务，还有时间搞好团队建设吗？

不敢放手让员工独立工作的管理者，就无法摆脱内心的焦虑，其实，放不放手就在你的一念之间。

首先，有清楚的角色认知。也就是说，你处于什么位置，你得了解自己需要干些什么。对于基层员工来说，你是他们的“头儿”，得给他们分配工作任务，并且指导他们如何完成。我曾问过一些基层员工：“管理者在你们心目中保持什么样子最理想？”——精神领袖！当你从事管理工作，就不会再插手具体事务，却要给予下属精神上的鼓励和支持，让他们有“大树底下好乘凉”的感觉，你越将工作安排得井井有条，员工越能够安心，团队合作也就变成了一种良性循环。

如今，教练型管理者渐渐受到青睐。训练的时候，教练会将技巧传授给运动员，并且合理安排他们的每日训练计划；赛场上，教练的职责更多，他们得像照顾自己的孩子一般，关心运动员的心理、比赛安排和其他细节工作。管理团队亦是如此，你就是员工的教练，他们的心理环境、工作进程等，都是你要关心的范围，当然，授人以鱼不如授人以渔，当下属的工作出现问题，不要代替他们去做，而要引导他们往正确的方向走，这是一劳永逸的过程。

团队绩效与每个人息息相关，从这个角度说，你和员工又成了合作伙伴，他们进行具体操作，你负责审核，相当于“双保险”，减少了错误的发生。

当然，你也是带领团队进行变革的重要人物，行业在不断发展，如果还守着陈旧的规则，就会有“被后浪拍死在沙滩上”的可能。所以说，根据新变化及时调整工作方式很有必要，团队才能不断适应企业和社会。

其次，要把最适合的人放在最适合的岗位上。你之所以不放心，是因为质疑下属的工作能力，那么，选拔员工的这一关就显得尤为重要了，不仅要了解对方的学历背景，还得知道他有无工作经验，考核他们的方式有很多。目前，越来越多的企业侧重考核员工的综合素质，一位老板说：“我们不需要会背书的员工，真正的人才是那些可以将理论知识转化为生产力的人。”可见，灵活运用知识非常重要。可是，人各有所长，有些人天生适合做销售员，有些人对数字很敏感，有些人喜欢与人打交道，让员工去做擅长而感兴趣的事情，他们才会体会到上班的快乐，他们用心做才能做得好，你也可以轻松一些。

大部分事情都由内因和外因组成，就说团队建设吧，内因是你要认清楚自己的角色定位，外因是你能够合理选择人才，当你同时顾及到了这两点，还会不愿意放手让下属去做事吗？

◆ 为什么你总是对手下没信心？

某天，我去朋友李总那边做客，谈到目前的团队建设，他显得很没有信心："老兄，我的这帮部下，虽然个个是高才生，但是真正让我放心的没几个，他们每次出去办事，我都要连着打好几个电话，生怕出现纰漏，自己都烦死了。"

存在这种心理的老板不在少数，当然，他们有自己的理由：员工万一写错某个数字，企业就可能损失一大笔钱；下属得罪了客户，公司就失去一棵"摇钱树"……难道你整天提心吊胆，在员工耳边不停念叨，他们就不会出现错误了吗？

其实，对下属没信心的老板同时不信任自己，因为员工是他选择的呀，正因为欣赏他们的能力才招致麾下，等到真正工作的时候，怎么又开始质疑呢？你不妨看看我给你推荐的人才培养方式，经过这一系列步骤，你将会得到想要的优秀员工：

第一步，告诉他们如何做。先要让员工对工作内容有较为系统的概念，可以选择先说给他们听，例如，你告诉他："作为一名销售内勤，主要工作就是整理各项数据，并且在规定时间前汇总，传达至人事部门。”这是对工作的总体描述，当然，你还需要规定在多少时间内完成工作，例如，每天下午6点前，完成销售日报表；每个月前十天，粘贴好销售员的报销单等。

既然员工要处理好工作细节，就得有个师傅带领他，一点点熟悉内容，这通常在试用期里完成，光讲解原理及内容还不够，还必须演示给他看，这一点很重要。

第二步，做给员工看。有些人学习能力强，往往你演示一遍就可以了，并且他们会做到举一反三；对于另一些人，你不妨多演示几个类型，目的是为了让他们彻底看懂，“教学”过程中，你不能放过任何一个细节，不然就有可能成为隐患。

第三步，让员工试试看。如果他觉得自己已经明白其中的道理，不妨看着他做一遍，这时候，你最好站在旁边观察，别放过其中任何细节。此时，你不仅需要一个结果，还需要了解他处理工作的过程，从中能够看出他的思路，思路对了，今后的工作就不会存在很大问题。

值得一提的是，当他正在尝试，你不要急于纠正其中的错误，有两个原因：其一，等待他自己发现，会加深他对此的印象；其二，避免他产生依赖心理。

等到一个流程的工作完成后，接下来，又该你“登场”了。

第四步：检查他的工作成果。检查的时候应当面面俱到，结果是否令人满意？有没有按照正确的流程做？细节是否顾及了？就像老师给学生评分，你也应该给予员工最公正的分数，这不仅是对其学习成果的肯定，也是对他的鼓励。

这时候，如果发现问题，一定要及时提出来，并且指导他们更正，藏着掖着不是好事儿，会直接影响他们今后的工作。

第五步，鼓励你的员工。经过了一段学习过程，他们通过了“考核”，能够独立完成工作了，不妨鼓励他们一下，这是帮助员工营造良好心理环境的重要途径，鼓励并不是随意夸奖，否则会失真。例如，你可以对下属说：你在试用期的表现很好，我觉得你完全有能力胜任这份工作，加油，我非常欣赏你，期待你给团队带来更多惊喜。

鼓励的话要中肯，不能夸大和小气，否则都无法达到效果。别小瞧了这段鼓励，这会成为员工的精神力量，帮助他们聚集职场正能量。

经过一系列的选拔和锻炼，员工的技能水平和表现统统被你记在了心里，此时，你还会不放心他们吗？即使员工出现了工作失误，你也不必过于担心，因为他是一个有业务基础的人，错误能够被及时修正，并且他会变得更加强大。

◆ 为什么大家总是习惯依赖你？

团队中，管理者就像一棵大树，越茂盛，越能够让员工在“凉爽”的环境下工作，当然，领导强大，是下属最乐意见到的，因为他们有“靠山”可以依赖了。

习惯是日积月累的过程，如果你觉得员工很依赖你，多半是你“照顾”他们太久了。起初，这种博爱似乎是好的，团队内部和谐稳定，业绩也一路上升，可是，随着时间的推移，你会觉得自己渐渐“照顾不过来了”，此时，你会想，如何才能改变员工习惯于依赖你的情况呢？

不妨先来看一个案例：

某次活动上，我认识了在V公司任行政经理的赵先生，他显得有些疲惫，我们开始交谈，他说出了自己的苦恼："我在V公司当过两年的行政专员，期间公司的规模不断扩大，由于表现出色，老板让我正式组建行政部，我当经理，还招收了好几名专员。"

这一切听起来非常美好，但是赵先生后面的话，却令我皱起了眉头："我发现员工的能力参差不齐，有些人甚至是第一次接触此类工作，想到这是我建立起来的团队，并且我也有心好好干一番事业，于是过多地干涉了他们的工作，甚至让他们直接向我汇报，我管的事情多，而且我管得过来，但是问题出现了，这帮人太依赖我，有时候，我不在场他们就无法正常工作。"

我不得不说，这类问题的出现，与领导的管理风格有很大关系，这种"保姆式"的监管手段，只会扼杀员工的积极性和潜力，其实，他们完全可以独立处理好工作，而领导乐于"包办代替"，结果就适得其反了。

为了改变现状，你就得找到他们依赖你的原因，这些原因很有可能出现在你自己身上。

首先，回绝员工的"第一次求救"。既然习惯是长时间养成的，不妨在坏习惯露出头的时候就扼杀掉它们，当员工第一次向你求助，你是选择接受，还是"狠心"地回绝？我建议你选择后者，第一次没有给予他们帮助，今后再找你的可能性就小了。

有些人会说："那，就这一次，下不为例。"然后帮助下属完成了某项工作，相不相信，下个月他还会带着同样的表情站在你面前。与其说你是在"过度照顾"员工，不如说你是在用感性的处理方式，当他回到座位上继续这份工作，你的心里肯定也会犯嘀咕：“他能不能做好？什么时候才能做好？会不会把事情搞砸了？”这时候，你就会主动去帮助他了……

其实，你完全可以这么想：这份工作在他的岗位职责内，这是他的义务，我可以指导他怎么做，但是没有义务代替他完成，他就在我的眼皮子底下做，好坏我都看得见，哪怕出现失误，我也可以及时纠正。这时候，你的情绪会不会好很多，事情远没有你想的那么坏，既然已经相信员工的能力，为什么不腾出空间让他们自由发挥呢？

其次，你需要建立一个系统的培养平台。员工之所以依赖你，是因为他们没有能力解决，你可以帮助他们一次、两次，但这不是长久之计，与其替他们完成，不如教会他们方法，这才是一劳永逸的途径。

你无法做到时时刻刻都陪伴在员工身边，你也没有“分身术”，所以必须引导他们形成正确的思路，他们才能找到出路。

组织员工培训是最直接的方法。培训可以分为基础技能和专业技能的培训，完善他们的知识构成体系，便于员工之间的交流，简单地说，他们对于各行业都有一定认识，沟通起来会方便很多。

当然，培训形式多种多样，可以带领员工进行实地考察，也可以请来专业的讲师。作为组织者，你肯定很关心培训的收效，或许效果无法马上从工作中体现出来，但是你能明显感觉到员工思维方式的改变。

企业的发展，要靠所有员工，而不是靠几个核心领导者，他们再牛都没用。最厉害的领导能够带出一批优秀的执行团队，员工的职责是负责具体工作，而不是每次遇到困难，都请老板出马。

为什么动不动就针锋相对的人越来越多？

太在乎利益，往往一无所有，何必过于较真？不纯洁的是别人还是你自己？事情远没有你想象中那么坏，不如尝试敞开心扉，接受周围的一切，尽可能多看看美好的一面，生活远没有你想的那么复杂。

◆ 为什么你的心总是被贪念刺痛？

“贪”是个非常可怕的字眼，有些东西本来并不属于你，却硬要塞到自己的口袋里，这个动作就在一念间，却会造成非常不好的后果。“贪”的人并不好受，“拿”的时候提心吊胆，事后却又后悔，这种心慌慌的日子，难道是你所向往的吗？当你的心被贪念刺痛，是否想到要以正直的心态面对工作？

贪财、贪功，拿走本不属于自己的东西，怎么会心安理得？有些人说：“它们太诱人了，我才忍不住伸手。”不妨学会自我告诫：“这不是我的东西，我不能拿。”试想，这些成果是其他同事靠奋斗得来的，他们付出了汗水和努力，你无权拥有，如果被你“窃取”，他们的工作积极性一定会受到打击，假如业绩走下坡路，难道不会波及你吗？

即便你是管理者，在你的带领下。团队才完成了各项工作，但是你已经得到了相应的报酬，剩下的应当分给其他员工，再与你无关了。

谁应该得到什么，所有人都心知肚明，你拿了别人的东西，肯定会让对方心里不舒服，他有可能消极怠工，甚至采取“报复”，这笔账算下来，吃亏的一定是你。

老张在G公司干了10年，从基层技术员到企业副总，他凭借勤奋和扎实成为公司所有人的“榜样”，老板说他很会带团队。张总说：“我只有在工作的时候，是他们的上级，其他方面，我们都是平等的，甚至在工作以外的时间，我们能够成为很好的朋友。”“清廉”是老张性格中的闪光点，他只拿走属于自己的那部分，其他的，该是谁的，就给谁。

有一次，技术部长对他说：“张总，这是刚研发出来的新技术，马上要报到总公司去，我把您的名字也加上。”老张非常生气：“这怎么可以，这些是技术员没日没夜干出来的成果，我又没参与，怎么能写我的名字？你我都是从技术员干出来的，开发新产品有多累，你不是不知道，你这么做，员工会心寒的啊。”

正因为老张的清廉，使得他在公司的口碑很好，他的真诚和正直也被老板看在眼里，这是他职业发展过程中非常重要的部分。有贪念的人总是无法轻松地处理工作，因为他们的心里有很沉重的负担，只有抛开贪念，也就抛开了束缚自己的枷锁，才能大展拳脚，才会不用担心被他人抓到“把柄”。

那么，如何才能让自己变得轻松、没有贪念呢？

首先，任何时候都要把诚信放在第一位。如今的社会，大力倡导大家做个诚信的人，并且建立自己的诚信档案，无论你是什么样的角色，无论你有多大权力、多少钱，诚信是对每个人最基本的要求，管理者的心里有诚信，做法很诚信，才能服众，以身作则的人才能搞好团队建设。

人之初，性本善，或许所有人在最初的时候都非常善良，对待工作都兢兢业业，真诚地对待同事。可是当你看到某某“窃取”了别人的劳动果实后，升官发财了，自己这么努力还只是一个小头头，心里难免会不服气，这是造成贪念的最原始因素。

诚信和正直应该成为伴随我们一生的品质，别人“窃取”他人的劳动成果，只能获得一时利益，他们终究是要付出代价的，而这个“代价”要比你得到的更大。

其次，管理者要付出爱，才能有收获。用身体做事，付出的可能比得到的少；用头脑做事，你会收获你应得的；用心做事，乐于付出，你有可能收获意想不到的惊喜。团队如何建设？不是简单地将A工作分配给张三，把B工作分配给王五，而是去关心你的下属。例如，张三的性格如何？他擅长做哪方面的工作？我要如何培养他？管理是一套流程，甚至比你想象的复杂得多，但却能够让资源得到合理的分配，让每一名员工的优势最大化。

当下属的工作遇到困难，或是出现失误时，不要急于责备他们，而应先问清楚原因，帮助他们整理思路和调整计划。骂并不能解决实际问题，反而会影响下属的工作情绪，爱体现在细节中，管理者要关心下属的“成长”与进步。

还有，建立互相监督机制。在很多人根深蒂固的想法中，上司督促员工是很正常的，可是，管理者也有可能出现错误，不妨建立双向监督体制，管理者与下属相互监督，他们可以直接向上一级领导报告，让管理者觉得自己也是被“管着的”，有了约束就会减少错误的发生。

贪念是影响你职业发展的“杀手”，与其整天过着惶恐不安的日子，不如彻底除掉这个念头，只有没有了贪念，你才能真正做到“君子坦荡荡”，没有“小辫子”，就可以把全部精力放在团队建设中。

◆ 为什么你总是心浮气躁难以安心工作？

每一项工作都不简单，你不能沉下心去做，就无法领悟其中的奥秘，心浮气躁的人常被烦恼牵绊，感觉自己永远是火冒三丈的样子，还如何静得下心来呢？

浮躁的人会因为外界的一点点声响而放下手中的工作，有人会抱怨：“都安静点，我正在工作，不要打扰我。”职场由形形色色的人组成，你的呼吁恐怕难以成为现实，不能改变他人，你只有改变自己。

心态决定一切，你无法集中精力做事，效率就会比较低，再加上干扰你的因素很多，例如，电话、邮件、传真、各种突发事件等，你的情绪就更加难以平复了。

我在一期培训班的时候对学员说过：“大家百忙之中抽空来上课确实不容易，要珍惜每一分钟，我才能多说些内容，我讲话很快，如果你跟不上我的思路，这学费不就白交了。”

我规定所有学员不得迟到，有工作可以提前安排好，实在排不开时间，无法来上课的，可以提前给电话；上课期间，手机关掉或是调成静音模式，我可不希望思路被一串电话铃声打断，包括我自己的手机，都会关机；上课要用心听，眼睛、耳朵、嘴巴、手都得用上，我讲课是环环相扣的，如果你某个环节没认真听，下面的话你可能就不大明白了；当课程接近尾声，我会留一些时间让学员讨论，虽然我对内容没有硬性规定，但是要求学员回去后，将讨论的结果以邮件形式发给我。

这样做的目的，是为了让学员充分把握上课时间，不要浪费一分钟，想要完全达到我的要求，他们必须保证百分之百精力集中，一旦走神，他们就会觉得自己是在“云里雾里”了。

能够沉下心来的人，会发现工作远没有自己想象的那般容易，同时也会发现很多值得改进的地方。那么，如何让自己摆脱浮躁，沉下心来处理事情呢？你不妨借鉴我的观点：

首先，做好准备工作，先处理杂事，再开始工作。就像做一台手术前，医生需要准备好所有器械一样，在正式工作前，你也得完成各项准备工作，例如，倒茶、洗手、去卫生间、打电话、整理资料、电脑杀毒等。这些不起眼的事情会对你的工作产生间接影响，如果你工作的时候，一会儿起来倒杯水、一会儿去拿点材料、一会儿去上个卫生间，虽然只有几分钟，却会打断你的思路，长此以往，消极情绪就会涌上来，最终影响你的工作。

当你走进办公室，先想想要做哪些准备工作，一一完成后，就告诫自己不要再顾念其他，安心处理手上的工作。值得一提的是，不妨将杂事集中起来解决，甚至可以为此专门分拨出时间来。

其次，保持空杯心态，保持探索的习惯。在企业经营的过程中，很多人会满足于眼前的自己：我已经掌握了非常丰富的技能！眼前的状况令他们感到安心、满足，小富即安的人不会带来更大财富，也无法获得更成功的未来，不如把自己放空，保持空杯心态，保持学习和探索的习惯。

有些人说："我也吃了苦，能够有现在已经很满足了，我可以开始享受了。"于是，他们被越来越多的杂事缠身，将多数时间放在应酬上，越来越难以安心地工作，他们暂时不会害怕，因为还有企业还有业绩、固定的客户和收入。

可是，你的对手在积极寻找让自己更强大的方法，你站在原地，相对于他们而言，你已经退步了，时间长了，思想就会僵化，想要再接受新事物就难了，此时，你的战斗力明显削弱，危机感悄悄降临。

为什么会浮躁不安？是因为你的心里装了太多东西，它们会不断跳出来干扰你的正常思维，不如放下它们，你可以不去想结果，一头扎在过程中；你可以不去想利益，只把眼前的工作完成；你可以不去想人情世故，客观地看待问题。只有把该放下的放下，你才能看透，心才能被清空，当你开始工作，眼里、脑子里、心中只有眼前的文件内容，还会觉得烦躁不安吗？

所以，令你烦躁的因素都来自于你的内心，既然它们让你的心情不爽，就不如丢掉，然后才能轻松上阵。

◆ 为什么主动接近他人时目的就变得不纯洁？

有人说，职场中不会有真正的朋友，因为所有人都盯着那块"大蛋糕"，谁都想分得多一点，甚至你会说："每一次人际交往都带有目的性。"你厌倦了这样吗？在一次闲聊中，学员说："在我眼中，A和B走在一起，肯定是在盘算什么事情，谁给我送了盒早点，他一定是想求我办事，我主动对谁好，他会说‘嗨，有什么事你就说吧，或许我办不了’，这种关系令我害怕，更加心寒。”

是因为大家平时工作太忙，一旦去沟通感情就是因为要求你办事儿吗？有时候，真的是我们想多了，或许同事之间不存在那么多不纯洁的关系，但也并不是每一句话、每一个眼神和行为都要用金钱来衡量的。企业就像一个大家庭，想要创造温馨的人文环境，就要从净化员工的内心开始，别把事情都想得那么复杂，用心去交往同事，你也会快乐起来。

我接到过这样一封邮件，是学员梅先生写给我的：老师，我就开门见山地说吧，我很惋惜为什么同事之间的关系变得那么物质化，平时几乎不来往的两个人，会因为某些利益而成为亲密的伙伴，我觉得自己是孤独的，我不想把这些每天“并肩作战”的人作为“战友”，我觉得我们之间没有情谊，因为所有人几乎都是“无事不登三宝殿”。

我这样回复他：你觉得孤单，是因为没有融入集体，你看到的关系可能只是表象，如果你觉得相互之前的交往目的不单纯，不妨反问自己，我是否也有这样的心理？每个人只会从自己的角度看问题，如果你本身就是这样的人，你的眼睛便蒙上了色彩，这一切只能说明你没有用心对待同事。让自己快乐起来的方法有很多，最直接和重要的便是改变你看待事物的眼光。

是别人不纯洁，还是你戴着有色眼镜看别人？为什么别人快乐，而你却非常愤懑？罪魁祸首便是你心里的那些不安分因素，你需要改变。

首先，与人交往要用真心，虚情假意永远换不来良好的人际关系。很多自作聪明的人，觉得自己带着“面具”与同事交往是一种有效的自我保护，结果呢？导致彼此不信任对方，你们的交往基础都是假的，关系如何能纯洁起来呢？有些人觉得：反正我们是同事关系，没必要和你说真话。如果涉及隐私，你可以选择不说，但是最好不要撒谎，就像“放羊的小孩”，你撒谎的次数多了，便不会再有人愿意相信你了。

或许是电视剧中的情节看多了，大家生怕有人在暗地里朝自己使坏，如果你的工作习惯很严谨，没有留下任何漏洞，并且为人正直，他人如何伤害你呢？说到这里，你是否觉得自己是想多了？

所谓用心交往，是要尊重你的同事，正视他们的能力，看到他们身上的优势，作为自己学习的对象。说到交往的目的性，我想告诉你的是，当你接近某位同事，肯定想与他拉近关系，如果你们能够谈得来，自然会成为很好的朋友，老话说得好：“酒逢知己千杯少，话不投机半句多。”你与某位同事的关系越好，工作上的沟通就越方便，这不是一举两得的好事儿吗？

其次，别把表象当成事实，客观地看待问题。谁与谁的关系好，并不能说明他们出于什么目的，或是他们都很喜欢足球，约好晚上一起去酒吧看比赛；或是她们看上了同一款衣服，说好下班一起去买……在你并不了解实情的基础上，胡乱猜测他们的目的，是有些不妥，而且会给你带来不良情绪。

我曾对学员说：“这种烦恼是自找的。”既然对事实都不了解，妄下结论只会令自己更加烦恼，永远不要把猜测当成事实，不然你会越想越多。

梅先生就是这样，当他看到原本不说话的两个人突然很亲密，就断定他们的交往目的不纯洁，或许他们只是因为偶然的机会，知道彼此之间有相同的爱好，所以迅速成为好朋友。我们的主观意识往往会让客观事实变得扭曲，令自己徒增烦恼。

无论同事因为什么而交往，都不能成为你心情低落的借口，你只能看到表象，所以不必妄自猜测，长期的“被害者心理”只会让你觉得职场充满了不安全因素，其实，你进入职场很多年，不也过得很好吗？

真实企业到底是什么样？是否有自己的管理系统？

从行为表现能看出一个人的内心，企业亦如此，优秀的管理者会将“行为表现”收集起来，最终形成运行管理系统的纲领，企业如果缺乏管理系统就会显得散乱无章，所以说，保持企业正常秩序的最好办法，便是调整管理机制。

◆ 表现原理系统：行为的表现作用

当我们想要对企业内部做出一个真实准确的了解时，往往会通过直接观察公司的现状来着手。但是，比起你冒着得罪同事、得罪上司的风险来了解企业内部的管理系统，其实还有更简单有效的方法。

我们要学习，就必须先从概念学起。企业中有着自己的系统原理，它包括了企业正常运作的原理和人际关系的原理，当然我们最想了解的就是与人际关系有关的，毕竟它与我们在公司的方方面面都有着联系。

很多关系学的专家都是这样定义的——系统原理就是现代管理科

学的基本的原理，而其中的人际关系指的就是我们与同事、上司所产生的关系，这些关系可能是通过语言来建立的，也有可能是通过工作的处理、命令的执行来建立的。

这样说或许有些官方，但是它确实是指人们在从事工作（不管是执行者还是管理者）时，运用的最基本理论和方法，而这些表现形式（语言、动作、工作行为等）总结起来其实都是殊途同归的，那就是行为表现。

我们的行为表现是多种多样的，而不同的行为表现也会导致不同的结果，对于他人的心理、情绪产生的效果也不同。

比如说，我们在做一项工作的时候，就可以选择独立完成或者要求同事与你合作完成，这就是行为在选择表现形式了。你在要求别人去完成这件事的时候，他有可能不情愿，产生抗拒心理；你选择独立完成，同事又会觉得你是一个不愿与他人合作的人；而当你们一起去完成工作的时候，也许会因为事务处理的各阶段意见不同而产生分歧。这些表现都是企业内部人际关系的真实反映。

我的一个朋友陈先生在企业中就遇到过这样的问题。他总是跟我抱怨，也跟其他朋友抱怨——为什么公司的其他员工都只敢远远地跟我打招呼？甚至有的下属看到我都躲着我？我说：那你为什么总是要板着脸呢？他说：因为我是管理者，不能与下属太亲近，不然工作不好做。我反问：美国总统都能每天热情地和白宫的清洁工打招呼，为什么你不行？陈先生愣住了——难道不是只有板着脸才能树立威信吗？

威信不是要让别人怕你，而是要让别人服你。陈先生身为企业的中高层管理者，更应该以身作则，只有将自己对工作、对生活的热情传达给其他员工，让他们看到你的态度，受到你的影响——哪怕你是装的，也能起到意想不到的正面效果。正能量产生了，那么一切的行为表现都会向着好的方向发展。

行为的表现作用有很多，也很明显，它可以被具体分为正面作用和负面作用。

像我说的陈先生，在之前完全起到的是负面作用，公司员工都噤若寒蝉，对于工作上的一些事务不敢发表看法，就会导致他们在工作的时候没有信心，有些人甚至会不敢去独自处理和判断，就造成了“事无巨细，无不上奏”这一可笑的局面。

我曾经看到过某韩国企业的一则真实故事。该公司管理很严格，经常以各种理由扣员工工资，一天经理看到一员工憋红了脸坐在那，就很好奇地问：你怎么了？员工答：报告经理，我想上厕所，但是怕您算我旷工，所以不敢。

那么，我们要如何建立起正面的行为表现呢？

首先，传递正面效果，就要学会改变自己的态度。我们的管理者在保持严谨的工作态度的同时，不能总是端着一副高高在上的架子，平易近人其实并没有那么难做到。员工的正面行为有时候比管理更重要，因为他们的行为是所有人都能够看见的，所以员工要时刻保持一颗热情的工作之心和认真的工作态度，只有让别人看到你的努力，才能将这种感染力渗透到整个公司。

其次，就是要学会把这种态度传递给别人。为什么很多企业都要评选月度模范员工？为什么要评选出劳模？因为榜样的力量是无穷的，只有让别人看到正面的工作态度、工作成果是什么样的，他们才能有努力的方向。另外一种传递方法，就是行为表现的直接感染，有很多人都会被他人的一言一行所打动，这就是从行为的角度出发的。管理者和员工在工作中，无意间的一个亲切的举动，或者主动扛下艰巨的任务，都能博得他人的好感，更能够将积极主动的态度传递给别人。

所以，不管是从企业的管理者，还是从企业员工的角度来说，不论职位高低，我们都应该通过积极的行为表现来传递工作中的正能量，企业的运转、人际关系的建立都会朝着好的方向发展。

◆ 管理特征——通过管理的表现使员工获得相应的情绪感受

我们员工的情绪很容易受到他人态度的影响而产生波动，这种波动其实并不是主要来自于与你朝夕相对的同事，而是来自于你的上司。

上司的一句鼓励，就可能让你觉得自己的一切努力都没有白费，一次升迁更有可能让你欣喜若狂，一次训斥就让你的积极性被充分调动起来……这些都是由管理者的行为表现而导致的。

由此可见，管理者的管理手段是有着无穷的力量的，而身为管理者，只有先学会对于自身的职权有一个全面而系统的了解，才能更好地利用这种力量。

首先，管理者具有的两大技能，也是与他们的下属息息相关的——人事技能和人际技能。

人事技能就如同字面的意思一样，身为企业的管理者，他们有权力决定下属的职位变动，包括任命、升迁、降职、调动、免职等。而这些手段都能够直接或者间接地影响到员工的心理和情绪，所以管理者既要不惜使用，也要谨慎使用。

人际技能其实并不是管理者专属的技能，大家都可以也必须拥有，因为这是日常工作生活中无法避免的环节。人际技能也叫人际关系技能，很好理解，就是指成功地与他人打交道的能力，也叫作沟通力。身为企业的管理者，我们必须要有良好的处理人与人之间关系的能力。具备了良好的人际技能，才能在下属中得到认可，从而通过这份认可影响到下属，激发他们的工作热情，组织起良好的团队精神。

那么。除了这两大技能之外，管理者该怎样通过自己的表现来影响员工呢？

管理者的工作表现。管理者在树立好的榜样之前，要做的第一件事就是把握好自己的身份，做好本职工作。这就是管理者应该展示出的管理特征之一，也就是工作表现，我们要通过自己的努力工作来带动下属，你努力了，员工看得见，这时候他们就会想：经理都这么卖命，我们还有什么理由不好好干？

管理者的情绪表现。管理者除了用工作态度和能力来鼓舞员工之外，还能利用自己的情绪来影响到员工的情绪。管理者的情绪表现可以分为内在表现和外在表现。内在表现具有隐蔽性，你可能不会将你的真实情感表露出来，而是将它隐藏起来。比如说，某项目失败了，你其实非常恼怒和失落，但是你不能将它流露出来，否则会影响到士气，你只能表现得很大方，让员工认为这并不是一道过不去的坎儿，才能不影响到之后的工作。外在情绪表现相对来说就好理解得多了，它并不像内在表现一样喜怒不形于色，而是直接地表现出来，从而影响到员工——你高兴，员工就高兴；你生气，员工就愤愤不平；你燃烧小宇宙，员工自然就跟着热血。

还要注意管理者的生活表现。生活上的事情看起来似乎与工作没有关系，也不会影响到员工的情绪，如果你这么想就大错特错了。生活态度与工作态度是密不可分的，如果一个人生活上孤僻消极，那么你能指望他在工作上有多上进吗？显然是不能的。所以作为管理者，必须要有个良好的生活心态、生活作风，生活也必须做到井井有条、有规律，这样不仅对员工来说是个好榜样，也能用你积极乐观的态度感染身边的下属。

综合起来，管理者要做到：学习专业技巧和管理手段，学会通过人事管理来鼓舞员工，处理好自己的人际关系，善于表达自己的情绪，在工作上做好“领头羊”，在生活上要做个“好好先生”。在感染你的员工之前，必须自己树立一个良好的心态。

◆ 表现原理决定工作原动力的产生

表现原理有多重要？这看起来那么专业的名词，似乎与我们沾不上边，可它偏偏又贯穿了每个人的一生。

首先，我们的工作和生活都离不开表现原理。

你在公司中，要表现得出色，才能够赢得同事的信任、上司的青睐，这就是表现原理。我们的表现，就是我们生活态度、工作态度的最好体现。一个生活上很积极，工作热情度高的人，就很容易通过自己的情绪表现来影响到他身边的人。反之，一个生活消极、没有信心的人，在工作上必然也是不求上进的，这种消极的心态不仅容易引起别人的反感、抵触，甚至还会让别人跟他一样消沉。

其次，表现原理决定工作原动力的产生。

工作原动力的产生需要几个前提条件，而第一个就是良好的表现原理。表现原理在工作原动力上的体现主要有四点：客观条件性、个人自觉性、工作（生活）热情、工作（生活）兴趣。这四点，是决定一个人的行为表现的最重要基础，也是工作原动力产生的前提条件。

首先是客观条件性。客观条件性包括的范围很广，比如一个人的家庭背景、文化背景、社会背景、学历水平、个人经历等，都是影响他们性格和行为的重要因素。众所周知，一个来自单亲家庭的人，一般性格都比较孤僻，而一个来自兄弟姐妹较多的家庭的人，待人接物就要热情得多，性格也较为开朗。受到的文化教育程度不同，决定了一个人的素质，也在很大程度上影响到一个人的行为，比如在公司内，有的人看到掉落的垃圾就会很自然地捡起来，而有的人则会选择视而不见。所以，客观条件对于一个人能否产生工作原动力有着很大的影响。

个人自觉性也是非常重要的。一个有很高自觉性的人，就会约束自己的行为和情绪。这并不是要我们去压抑自己的感情，而是要逼迫自己朝着好的方向发展。就从一个人的生活习惯来说，有的人睡得晚起得也晚，在工作的精力上就完全被那些早睡早起的人比下去了，如果自觉性强，就完全可以“勒令”自己改正不良习惯，从而树立起正确的行为，获得良好的工作动力。

工作（生活）热情是我们都应当注重的。有的人总是三分钟热度，有的人则能将这种热度持久保持下去。毫无疑问，后者在工作上、生活上的成就必然是远超前者的。热情可以说是工作原动力的充电器，我们必须要时刻燃烧，才能不对生活、工作失去信心。有很多抑郁症患者，就是因为失去信心、失去热情，才会郁郁寡欢。在工作上原地踏步，在生活上随波逐流，显然这是我们都不想看到的结果，所以，哪怕是勉强自己，我们也要让热情燃烧，把生命的意义与工作生活结合起来，才能提供不竭的动力，不断突破，实现个人价值。

工作（生活）兴趣则可以说是工作动力的源泉。很多人在做出选择的时候，第一个就是根据自己的兴趣。我们在择业之初就能想到，如果一项工作我们没有兴趣，就根本不可能有信心长久地做下去。而一个人对工作有兴趣，那么他所能发挥的力量将是可怕的，他甚至会成为一个工作狂，因为他每完成一项工作都会觉得自己的人生是有价值的。并且这种兴趣是可以后天培养的。我的一个朋友在某公司做程序员，一开始，他被枯燥乏味的工作逼出了抑郁症，就来向我请教，我了解了他的工作情况后，针对性地指导他在自己的工作中寻找乐趣，于是，他每完成一项任务，就当作是攻克了一道难题，不仅没有感到无聊，反而充满了成就感，工作自然也就有劲了。

尝试改变客观条件。从哲学上讲，客观条件并不是不可逆的，更不是我们不能改变的。例如三国时期的东吴大将吕蒙，在被批评“勇猛有余，智略不足”之后，发奋学习兵法知识，最后“非复吴下阿蒙”。文化知识不足，我们可以通过学习来弥补；个人经历不够，我们可以多磨砺自己；文化背景不同，我们可以学会入乡随俗。至于那些不可改变的客观条件，我们不能去改变，就要怀着积极的心态去适应，至少也可以让它不再影响我们的心态。学会忘记那些不愉快的事，就是一种心理上成熟的表现，也是给自己工作和生活添加动力的好方法。

时刻保持良好的心态，表现自己最闪亮的一面，我们的工作原动力将源源不竭。

◆ 打破员工欲求不满的心理防线

现在我们一起来解开本章的问题：为什么管理与现实会失衡？

在此之前你需要弄清楚员工与企业的关系。到目前为止，我都觉得员工和企业是一种非常特殊的关系，双方都会从对方的身上获取利益。当然，前提是他们必须配合愉快。然而现实中，作为企业总会觉得自己给员工够多的了，因为他们所创造的财富远远不如自己想象中的多，可是，在员工看来，企业总是“剥削”自己，他们是一群“吃草挤奶”的工作者。

反过来，摆在企业面前的难题是，需要打破员工欲求不满的心理防线，令他们安心工作，尽可能减少他们的消极情绪，让团队积累越来越多的正能量。

我的好朋友老顾经营着一家小型企业，虽然规模不大，只有十几名员工，但是老顾非常善于把握人心，老员工一直在这里上班，公司的气氛也非常好。

老顾想到员工最关心的莫过于薪水，他希望通过合理的薪酬方式激发员工的积极性，于是，他将员工薪酬分为几个部分：基本薪水、工龄薪水、绩效奖金、满勤奖、额外补助等，也就是说，谁表现好，谁就会拿到更多钱。

由于团队主要由年轻人构成，他们更希望获得进步与上升空间，老顾定期组织员工培训，并给予一定补助，在员工看来，这些带薪学习的机会，真是太棒了。

每年秋季，公司的业务会处于淡季，老顾会带着员工出去旅游，费用由公司出，这是员工们放松身心的好机会，大家自然非常开心。

在老顾看来，企业应当是一个温暖的“大家庭”，他会给每一位员工庆生，定期举行公司聚餐，还会在节日的时候，为员工准备好各种礼品，这些都让下属非常感动。

可见，企业同样需要一点正能量，想要“收买人心”，并不一定靠薪水，老板关心员工的方式有很多，如今，越来越多的工作者关心薪水之外的东西，例如，发展空间、培训教育、福利等，对于老板来说，这是个好机会，要赶紧把握。

首先，完善薪酬和福利制度。无论人们的思想如何变迁，促进员工积极工作的第一要素都是金钱，他们要生活，必须每个月把薪水领回家，你不妨在此方面做“文章”，设计更加合理的薪酬和福利制度，让员工觉得：老板给我的薪水是公正的。

你可以借鉴案例中老顾的做法，将薪酬分为几个部分，但是一定要掌握好它们的比例，当然，这与员工的岗位性质也有一定关系。例如，销售员主要靠业绩提成吃饭，你可以将他们的底薪定得低一点，并且规定每销售多少金额的商品，给予相应提成。对于其他员工，则需要改变薪酬策略，将底薪提高，减少奖金的比例，这是出于公平起见。

将薪酬和福利细分，是为了避免员工质疑，试想，如果你将他们的薪水定死，张三：3000元，李四：4000元，他们不知道自己与同事的差距在哪里，不利于他们改进工作，同事会觉得老板太“独断专权”了，这样还能服众吗？

让员工看到薪水是如何构成的，他们便知道了自己在哪些地方还需要改进，这种将薪酬杠杆变成工作能力度量衡的方式，不仅打消了员工心中的不平衡感，还间接帮助他们提升了工作积极性。

其次，通过营造良好的企业文化，温暖和活跃员工的心。如今，企业文化也是求职者关心的要素，正因为环境可以造就人，他们更希望在开明、创新、温馨的企业中上班。我曾与某位学员交流，她说："对于打工者来说，哪里不是挣钱的地方呢，如果干得舒心，我宁愿每个月少几百块钱工资。"这种说法虽然有点夸张，但不失为一种趋势，员工越来越看重心理上的满足，甚至可以弥补物质上的缺失。

员工都是有思想的人，他们有处理问题的独到方法，作为管理者，没必要事事抠得很紧很死，更没必要凡事亲力亲为，否则会让员工觉得你不信任他。信任是无法用金钱买到的，必须通过一点一滴的积累。不妨放手让员工去完成他们的工作，既锻炼了他们处理工作的能力，也建立起了良好的合作关系，管理者始终做决策工作，员工始终去执行，两者默契配合，才能搞好团队建设。

在我看来，企业应当是充满温情的，员工与老板互相尊重，互相关心，工作气氛才能保持活跃，管理者不能"吝啬"，多赞美你的员工，鼓励他们做出更优异的成绩。我听到过类似的话："老板似乎永远不会满意我们的工作，整天板着一副脸，更别说鼓励我们一下了。"其实，老板的威严不一定体现于冷峻的面孔，也可以是慈祥的笑容，多表扬你的员工，这也是一种精神奖励。

当然，老板们更要关心员工的发展。如今，员工都非常看重职业发展前景，他们的心声是："当我刚踏入社会的时候，并不介意做薪水低、工作累的事情，在事业起步期，我愿意在基层吃苦，甚至做‘学徒’，但是我希望5年、10年后，自己成为管理者，薪水开始翻倍。”

可见，大家的想法是“求发展”，如果你能够提供这样的空间，便会减少员工欲求不满的情况。最直接的方式是培训，行业在不断发展，员工和企业都需要接受新技能。你可以采取不同的培训途径：如果经济条件允许，可以请相关专业的讲师；想要降低成本，也可以你先去参加某个培训班，再将知识传授给员工。

老话说得好：不想当将军的士兵不是好士兵，你不妨多给员工一些机会，例如，进行内部选拔，把能力较强的员工放在管理岗位上，这不仅是对他们努力工作的认可，还激励了其他员工。只有下属可以看到自己的发展前景，才会愿意继续留下来工作。

想要与对方保持良好的关系，就得给他们想要的东西，这是一条经典的人际交往定论。作为管理者，要深入员工的心，先了解他们想要什么，再想清楚自己如何给予。

为何总是在管理与现实中感到不平衡？

管理相当于理论，一旦把理论放到现实中，就可能会出现不适应，如果能够顺利找到其中的平衡点，心态也就平和了很多，企业总是在不断发展，你必须用客观的眼光看待，当然，也要保持长远目光。

◆ 客观性：你管与不管，企业都在向前

很多管理者都有这样的困惑，企业的进步与我的参与有关系吗？无论我是否出力，企业都在向前发展。我每天做着重复的事情，手下也就那几名员工，我甚至开始怀疑，如果没有我，企业一样会不断进步。

这种想法无疑很消极，说明你没有客观地看待这件事，作为一个团队，所有成员都付出了努力，而不是单靠谁，一根筷子的力量小，而一把筷子的力量令人称奇，而你就是其中之一。长期抱有消极想法，你很难在管理和现实中找到平衡，久而久之，你便会怀疑自己的能力，对积累职场正能量不利。

我的朋友老李是某企业的策划主管，某次交谈中，他对我说："老兄，我之前挺自信的，现在却开始质疑，我究竟在公司扮演着什么样的角色？我干的活儿能够给公司挣多少钱呢？"在老李看来，销售部门是给公司挣钱的，财务部门是帮公司管钱的，几乎每个部门都有存在的意义，唯独他觉得自己管与不管，都不会对公司产生重大影响。

老李说："在管理上，我也曾做过改革，我计划了很多方案，并且不断修改，可是我觉得这并不会影响公司的整体运营，我的做法还有意义吗？"

老李有心管理好团队，但是现实令他困惑：这么做是否有意义？这是典型的管理与现实失衡，所有人都希望自己的管理有价值，那么，价值到底从何而来呢？

首先，你要了解团队在企业中的位置和作用。作为某个团队的管理者，你当然希望带出一支“王牌集体”，也就是说，你们在企业有响当当的名号。那么，你了解该团队在企业里发挥的作用吗？

第一步，你要知道企业的整体情况，有多大规模？采用什么样的管理制度？工作的日常运作流程是怎样的？这些都是客观事实，不会因为谁的主观意识而改变。这些不应当是模糊的概念，你牢记它们，能够帮助你认清现实，为下一步工作打下基础。

第二步，了解你所带领的团队在集体中起到什么作用。作为一个分支，任何部门都与其他部门发生联系，它与哪些部门有联系？与谁的联系更多？

例如，你是一名生产部长，有关产品的，就与质量部产生密切联系；有关工人的福利，就与人事部和财务部产生联系。

这种联系是如何产生的呢？你想想，生产出来的产品会被带入质量部进行检验，车间班长会给工人评分，然后交至人事部，由他们计算每名工人的薪水和奖金。

实际上，企业是一个环环相扣的大集体，既然设立了这个部门，便有它存在的意义，作为部门领导，你不管理，这一环就有可能松懈，时间久了肯定会影响企业的发展。

其次，充分了解团队的具体情况。有一次，我问学员：“你的团队到底是个什么情况？”结果，能够详细描述的人很少，甚至有些人只能简单地说“不错”、“不怎么样”等。优秀的管理者会马上说出：我有几名员工，他们的背景资料、工作能力，团队一共完成了哪些重要工作、待完成的项目有哪些、目前面临什么问题等。你了解得越详细，越有助于你搞好团队建设。

人是构成团队的最主要因素，你需要充分了解他们的背景资料和工作能力，将任务合理地分配给他们，如果你连他们的特长都不了解，如何充分利用人力资源呢？

例如，小李非常擅长沟通，不妨将涉及此类的工作分配给他，这便体现了资源的有效利用。

最后，制定合理有效的管理方案。既然你的团队在企业中有举足轻重的作用，就需要根据实际情况制定出有效的管理方案。有一句经久不衰的管理箴言：世界上没有垃圾，只有被错放了的资源。

不要觉得下属能力不够，你只是没有让他们去完成擅长的工作，或许你已经形成较为系统的思路，而他们没有，这种情况下，引导员工朝更合理的方向走才是管理者应当做的事情。当然，由于每名员工的性格特征不同，在制定培养计划的时候，要做到因材施教，重视他们的能力短板，综合素质越高的人，越能够胜任工作。

团队发展应当是可持续的，这样才能顺应企业的发展脚步，管理者不能放松对员工技能的培养，多学一些知识，才不会出现“书到用时方恨少”的情况，工作中，我们常会遇到突发情况，员工只有有备而来，才有能力接受更大的挑战。

所以说，当你了解企业和团队情况后，就会明白部门对于整体的重要性，你做出有效的管理行为，肯定会推动企业的发展。当然，重点是你如何管理，你要“管”的范围很大，而人是最重要的部分，将最先进的技能传授给他们，并且帮助他们形成较合理的思路，这是捷径，也是最有效的办法。

◆ 关联性：企业内部与事物表现普遍存在联系

不少老板会质疑：我的管理究竟有没有效果？管理层处于企业的核心位置，通常将其称为“内部”，内部的改变是否会让外部表现发生变化，这是老板们非常关心的问题，体现了管理的有效性。其实，企业内部与事物表现存在普遍联系，但是由于不自信，老板们似乎没有很明显地觉察到，于是，他们开始加大改革力度、扩大管理范围，反而导致了错误的发生。

无论管理者如何进行改革和指导，都会体现于员工的日常工作中，有些“功效”需要日积月累后才能出现，鲜少有在短期内就发生巨大改变的情况，所以说，你不要着急，凡事都有循序渐进的过程。

不妨先来看一个案例：

我曾被邀请去H公司当顾问，老总觉得管理层的作为令他很不满意，因为多数改革收效甚微，希望我对此做出调整，从而改变公司的面貌。

我先了解了各部门主管的处事方法，实际上，他们的提议都非常好，能够全面提升员工的素质，特别是某些部门开展的学习活动，充分调动了下属的积极性。为什么老总会觉得收效甚微呢？原因就在于这次改革的主要内容是增加员工培训，这本就是收效较为缓慢的事情，培训是为了提高员工的素质，却无法马上从日常事务中体现出来，不过，肯定对企业发展有帮助。

于是，我告诉老总：“用管理带动员工的进步，从而让企业不断发展，这是有关联的过程，就像内因改变外因一样，企业内部的管理制度发生改变，一定会影响表现形式。管理层起到宏观调节的作用，就像一艘大船在海上航行，如果改变了方向，船体偏移需要一定时间，在这个时间段里，我们要做的就是等待和观察。”

其实，管理者的指令便是员工做事的“风向标”，当方向或是思路改变，员工肯定需要一段时间适应，才会有好效果，这是正常的过程，你不必着急，员工的进步是悄无声息的，但是总会有闪光的时候。

那么，你该从哪些方面了解企业内部与事物表现存在的联系呢？

首先，观察它们的直接联系，了解哪些决策对推动工作进程有很明显的帮助。我们可以将联系分成直接联系和间接联系，关于前者，是指某些管理方案针对某些现象而产生。例如，你发现最近的销售业绩有所下降，可以指导下属多进行促销活动，商品价格下降了，购买的人就会增加，这个解决方案的效果是显而易见的。

就像你准备出远门，可以选择走直线，中途不会因为某些事情而耽误时间，能够以最快速度到达目的地。对于非常紧急的事情，你不得不这么做，或许某些方案只能解燃眉之急，并不能解决根本问题，却非常直截了当，这种在短时间里就会产生收效的管理方案，也应当被保存和记录下来，工作中常会出现突发情况，你“留了一手”就不会手忙脚乱了。

虽然这种方式只能顾及一时，却可以从中提炼出经验，再进行加工，甚至可以将此变成长期有效的管理方案。

其次，还要了解哪些管理模式间接影响了事物表现形式，它们的收效虽然不明显，却也是很重要的部分。想要全面了解内部管理与表现形式的关联性，就不能忽略了此方面，甚至它们能够解决最根本的问题。例如，你发现某员工的做法欠妥，与其直接告诉他应当如何做，不如引导他朝正确的方向思考，这个过程虽然有些“曲折”，但是会令他有更加深刻的印象，并且能锻炼他举一反三的能力。

既然是间接影响，可能会在很久后才会有效果，甚至在结果出现的时候，你都难以联想到是由哪个方案产生的，所以要“追根溯源”，与之有关的工作都应当想到，然后再将资料进行归集整理，下一步工作，就要改变原先的管理方式，当然，所有管理都可以相互转化，有利于你在更短时间内解决问题。

可见，企业内部和事物表现有密不可分的关系，作为管理者，你越将团队往正确的方向带领，员工越能表现出色，这是相辅相成的，明白了这个道理，你的工作积极性是否也增加了呢？

◆ 发展性：企业因发展而存在

几乎所有老板的愿景，都是企业能够越来越强大，事实证明，企业确实因发展而存在，没有谁能够心安理得地看着企业维持现状，老板们似乎永远不能满足，例如，今年完成了100万元的销售任务，明年就得增加百分之二十，后年继续递增。现实非常残酷，行业发展日新月异，如果你还停留在原地，就有可能被其他企业吞并，唯有发展才是一条“康庄大道”。

直接给企业创造财富的是销售部，他们挣得越多，企业就越强大，那他们会不会很累呢？就像我们打通关游戏，后面一关肯定要比之前更难。销售部确实有很大压力，他们想要顺利完成任务，必须有其他部门的配合,企业中的各部门协调一致,工作“流水线”才能有条不紊。

发展的前提是创新，顾客看惯了一成不变的商品，如果这时候突然出现一个既新颖又实用的东西，他们肯定爱不释手，当然，这是研发部门的功劳；如何知道顾客的需要是什么？市场部就得去调研，了解了大众需求和消费水平，有助于企业进行合理的开发和营销活动；产品生产过程中，工人、质检员都得严格把关，尽量避免残次品的出现；所有工作都完成后，销售部就“登场”了，他们得关注售前、销售和售后服务。

其实，不光新产品能够为企业带来经济利益，如果营销手段得当，很多老产品也可以成为企业的“经典”，保持经久不衰的销售业绩，甚至成为你的招牌。所以说，发展就是在不断开发新产品的同时，维持原有产品的市场占有率，这个看起来非常困难的工作，却可以在有效的团队管理下实现，前提是，你要改变原有的思路，用新的眼光看待管理工作。

不妨先来看一个案例：

2012 年年底，我被邀请去参加 J 公司的年终尾牙会，老总很激动地说：“今年我们超额完成了销售任务，各部门的总体评分也有所上升，根据市场预期良好的情况，下年度要实现销售额增加百分之三十的目标，并且要完善各部门规章制度，增加员工培训项目。”

在不到五年的时间里，J 公司从一个小门市发展成为一家有生产能力的小型公司，老总是个很能吃苦的人，并且有很强的忧患意识。他曾说：“商场就像战场，要想不被其他公司吃掉，就必须不断强大自己，谁都有累的时候，工作本身就看不到尽头，正因为山外有山，所以谁都不敢说自己是老大，发展是我们得以生存下去的根本。”

可见，发展是企业生存的保证，如果所有人每天都在重复同样的工作，管理者不再进行思考，企业就会走下坡路。你无法左右客户的选择，唯一能做到的便是提高产品的质量和知名度，只有更多人青睐你的品牌，才会有源源不断的收入，产品过于老旧，公司管理出现混乱，谁还会来买你的东西，因为消费者更加关注商品背后的质量与服务保障问题，不妨转变你的思路，通过“求发展”为自己博得一席之地。那么，你到底要从哪些方面入手，将“发展”的思想传达给每一名员工呢？可以看看我的观点：

首先，发展不单单只看销售数字，它们是表现形式，而不是核心，可以通过对各部门的改革，从而实现对销售数字的影响。说到发展，很多人便想道：今年我赚了多少钱？这只是整个事件中的一部分，如果一味强调销售数字的增加，而忽视了其他方面的工作，可能会适得其反，就算企业有所发展，也存在“短板”，终有一天会“财富外流”。

真正的发展，应当涉及企业的方方面面，销售数字只是一个表现形式，例如，你发现本季度的销售额有所下降，光去督促员工多卖产品是不够的，还必须从其他方面找原因：公司的促销活动怎么样？策划部门举行的晚会是否能吸引人？财务部门是否及时下发了活动经费？广告做得如何？售后部门有没有提供最好的服务……影响销售额的原因太多了，解决了这些问题，业绩自然会上升。

我认识一位老板，他在两年内换了6个销售部长，他很苦恼：“我可以支付很高的薪水，只需要他们把产品卖出去，公司连续几年没有完成销售额，我只好换掉他们。”这位老总从不会在其他方面找原因，就像你面前站着好几个相同症状的病人，他们可能有不同的病因，如果管理者连“病因”都没找到就“乱投医”,企业怎么能有良好的发展。

所以说，销售额只是“风向标”，管理者可以把它看成“切入口”，对企业内部管理制度进行革新和修正，使之更能适应行业发展趋势，而不是死盯着销售数据，然后让员工写“军令状”，逼迫他们可能会起到反作用。

其次，发展是必要的，没有发展企业将一败涂地，但是不能盲目发展，任何措施都应当有的放矢。几乎所有老板都知道：企业要不断进步，得发展，这个问题似乎很大，到底该如何发展呢？

每一项措施的执行，都很难在短时间内看到成效，有些甚至要几个月、几年才会显现效果，与此同时，企业外的情况每天都可能发生变化，不少老板着急了：我该怎么办？

情急之下就有可能出现不理智的行为，例如，面对市场占有率每况愈下的现状，你可能会对员工大发雷霆，并且要求他们马上想出办法，在这种高压状态下，他们还能保持清晰的思路吗？你越不满，他们越害怕，到最后一个个撂挑子不干了，谁帮你干活？

所以说，管理者要慎重提出“发展”两字，制定计划前，要充分了解现状，包括员工的心理状态、公司经营情况和外部趋势，虽然这会花去很多时间，但却会深深影响着结果。我能够理解你焦急的心态，但是没有做好充分的准备，你的想法和做法可能会发生错误，所以说，宁愿做“磨刀不误砍柴工”的管理者，也不要盲目行事。

值得一提的是，每一项管理方案都要对结果负责，当你将目光牢牢锁定结果，就不会被其他工作所干扰，开始做之前，不妨先问问自己：“我这么做，对结果有帮助吗？”既然所有人都在赶时间，那么你就不能浪费时间，只做对结果有利的事情。

发展是企业的生存之道，你不去抢那块蛋糕，自然会有人扑上去，所有人都明白要发展，但是将此牢记于心的却很少，有些人没有采用正确的方式，有些人压根就懒得去做，小富即安的人会很快被淘汰，如果你想生活得好，就要改变思维方式，每天为进步而工作，为发展出谋划策。

◆ 延续性：企业是发展过程的集合体

在讨论企业发展的时候，我们必须要弄清楚企业是怎么发展的？是什么在发展？也就是企业发展的内容。

企业的发展包括很多方面，可以简单分为企业本身和企业人员这两大方面。

企业本身的发展，就是指其发展过程中关于企业的硬件、软件发展，包括企业文化、企业的规章制度、企业的财务管理、企业的营销模式等方面不断地发展完善，都属于企业自身的发展。

企业人员发展则更容易理解一些。人员发展也就是员工的发展，员工在工作中，不断调整自己的状态，适应工作环境和社交环境，工作技能也愈发熟练，心态变得平稳上进，对于企业文化、制度的学习和理解不断加深，这就是员工的综合素质在提高。

而不论是企业本身的发展还是人员的发展，都是始终贯穿于企业的发展过程当中的，也是一个持续发展的进程，除非因为内外在原因中断，否则会一直发展下去。

这就要说到企业发展的延续性了。

企业发展的延续性的关键是人，因为人是企业存在和发展的基础，没有了员工这一前提基础，企业谈何发展？

员工的文化素质提高了，就能加深对于企业文化、品牌的理解，这对内对外都是一件好事。员工的自觉性和约束力加强，有利于企业规章制度的建设。同时，员工的职业素质提高，能带动他们学习能力的增强，对于上级委派的任务能够更好地理解，这样一来，执行力也就加强了。同时，我们对于一个初来乍到的企业肯定是人生地不熟的，只有在增强了自身的适应能力之后，才能调整自己适应新的工作环境，尽快与同事和上司打成一片。

所以，无论是作为员工，还是作为企业的管理者，我们都要将这一发展的延续性原则贯彻到自己身上，将发展进行到底。

首先，要发展就必须做到自我升华，也就是学习。

现在到处都在构建学习型社会，企业也应该赶上这个潮流，建设学习型企业。某些大型企业中，企业文化是比较深刻的、难理解的，这就要求员工具备一定的文化素质，才能对企业文化做出一定的了解。为了加强学习，多读书、多看报是必需的，同时有能力的，还可以尝试提高自己的学历水平，加强对于时事和企业理念的学习。不能忽视的是，我们还要学习公司的规章制度，做好模范员工——能够理解制度，就不容易在工作上出现失误。

其次，必须要保持良好的心态，学会控制自己，控制情绪。

不管一个人有多么的优秀，如果没有一个良好的心态，那么这将永远是他的软肋。心态看起来不重要，但实际上是最值得警惕的。有的人看起来工作很认真，每天吃饭、睡觉、娱乐的时间只占生活的很少一部分，但是一旦他的心态出现了问题，原本已经够紧绷的弦就容易崩断。同时，还要会控制情绪，对工作和生活要随时保持一种热切的心情，有目标，有追求，才能有奋斗，有发展。

再次，要把自身的发展和企业的发展结合在一起。

一个人只要待在企业里，他就不是孤立的。有的员工抱着这样的心态：反正我想升职也不容易，本职工作也都能完成，又何必太努力呢？这样的心态，明显就是没有把企业的利益和自己的利益结合起来。员工在树立以企业利益为核心的价值观的时候，只要想到，企业的效益好了，员工的待遇自然就提高了这一点，就不难想通了。而且这一点做起来也非常容易，那就是努力工作，积极与同事配合完成工作，在完成本职工作的同时，完成上司交代的其他任务，还要去尝试挑战自己力所能及的新任务，才能锻炼自己，提高自己。

总的来看，不论是企业的发展，还是员工个人的发展，都具有延续性的特点，只要我们能够坚持下去，锲而不舍，就能够实现企业与自身发展的结合，从而触发新的动力。

第三章

思考的心智模式

为什么你常常躲在被子里不想上班，做什么都不快乐？

◎ 究竟是哪些症因令你感到不快？

◎ 思考模式可以重建吗？

究竟是哪些症因令你感到不快？

只有找到令自己不愉快的原因，才能“对症下药”，不是快乐选择你，而是你去找寻快乐，在这个过程中，你会收获很多经验，把经验积累起来，便是你保持快乐的最好办法。

◆ 你是“暴徒”吗？

有些人是天生的“暴徒”，他们似乎看什么都不顺眼，不过也没觉得自己很高明，他们是有梦想的，却整天感叹：“梦想很丰满，现实很骨感”。他们找不到令自己快乐的事情，甚至提不起精神去干任何事情。

当我说完这段话，有些学员开始担忧：“这说的不就是我吗？”

“过年了回到家里，父母、亲戚都在问：工作怎么样、收入怎么样、恋爱怎么样、结婚了吗？却没有一个人问：你幸福吗？”这是在微博中，转发率非常高的一句话，是这个时代让我们变得连幸福是什么都不敢提及了吗？

我们会去羡慕别人的幸福，然后说：“哎，我总是孤单而不幸的。”或是议论他人的“不幸”，然后庆幸自己还安好，这些心理都是消极的，与其将“幸福”和“不幸福”放在一起比较，不如反思幸福：我有必要做个“暴徒”吗？

某次课间，我找学员小王谈心，刚满25岁的他，看上去像个52岁的老头儿，于是我开玩笑：“这是失恋了吗？怎么那么憔悴……”小王被我逗乐了，摇摇头：“最近确实很累，倒与失恋无关，我觉得自己越来越讨厌上班，这几天把加班都给推了，想休息，却也休息不好。”

其实，小王是个很优秀的人，大学毕业后就去了某大型超市上班，在市场部任职，可是最近工作频频出现“问题”，弄得他焦头烂额不说，还被领导批评了好几次，他觉得很累，长期疲劳令他的工作效率明显下降，眼看到了内部竞选的节骨眼上，小王就更加着急，恨不得把之前的工作翻个底朝天，可是，问题已经出现了，现在能做的只有补救。

如果你遇到这种情况，会不会也出现类似的心理状态呢？工作总是枯燥乏味的，但并不代表你无法让自己获得快乐。有没有想过，你遇到的一切困难都是“应当来的”，它们多半是因为你在前期的工作中没有注意到某些细节而产生的。例如，在规定的时间内，你将一项工作遗忘了，没有完成，之后就有可能在非常紧急的情况下做，越着急，就越容易出现错误，你的情绪能不紧张吗？

所谓“暴徒”，说的是那些情绪容易极端化的人，他们很有上进心，并且渴望成功，正因为如此，才会很在意很多事情。例如，老板对自己的评价、同事对自己的看法、之前的工作能通过审核吗？如果不能，该怎么办？……他们是一群有心理负担的人，所谓期望越高，对结果就会越敏感，如何改变现状，令自己成为幸福的工作者？你不妨看看我的观点：

首先，去探寻幸福的“源头”，让自己从内心快乐起来，远离“暴徒”的称号。在别人看来，“暴徒”是一群“另类”，正因为他们实现梦想的方式过于特别，才会令周围人和他们自己受不了。想要获得快乐，不仅仅是嘴上一句话，更要付出实际行动，例如，做一些感兴趣的事情，在办公桌上养一盆绿色植物，将电脑桌面换成喜欢的卡通人物，将漂亮的明星照片设置成手机屏幕等。其实，只要你在细节上花点心思，心情就会跟着好起来。

之所以不幸福，是因为你想要的东西似乎都“遥不可及”。成功本就是循序渐进的过程，不要因为一时没有达到既定目标而难过，甚至做出一些“暴徒行为”。对于小王来说，他太希望自己能够把握住内部竞选的机会，所以才在工作出现问题的时候，表现得非常焦虑，做事风格渐渐不理智，这样很容易陷入“恶性循环”中。

不妨这么想：我们都不是圣人，工作出现失误也属正常，算是给自己增加一些实战经验吧，就连已经成为总经理的人也有可能出现类似问题，或许自己就是跟这次内部竞选无关，不过没关系，我可以厚积薄发，争取下一次做到最好。

心理负担的减轻，有利于你在工作中发挥正常水平。“暴徒”的情绪可能会非常高涨或是低落，这些都会影响你的正常思维。

其次，幸福只与财富有关吗？你是因为觉得自己没钱而成了“暴徒”吗？很多人的理解是，幸福与金钱挂钩，你的财务状况越好，你就能充分享受生活。我们不得不承认，生活离不开钱，我们在去某公司应聘的时候，也会关心对方开出的薪水，但是钱不是唯一决定你是否幸福的杠杆，甚至在某些特殊情况下，钱也会成为你的“精神负担”。

无论是谁，都会在踏入办公室前告诉自己：“嗨，我今天要努力工作，我要通过劳动挣得更多金钱。”这种想法很实在，但是，你的脑子里不能只想着人民币，不然你就不快乐了。

成功靠的是“天时、地利、人和”，虽然“人”在其中占有很重比例，但也不能忽视了另外两方面，你可以做好充分准备，等待机遇的到来，却不可以在“暂时失败”之后变得过于激进或是自暴自弃。

不少人觉得，有钱人可以享受生活，我不行，因为我很穷，其实，生活对于每个人来说都是公平的，只是因为你的眼睛被钱遮住了，所以无法看到这个世界的五彩缤纷。在你眼中，总经理是拿着百万年薪的“财主”，而你只是月薪五千的“包身工”，但是他们却顶着比你更大的工作压力，同时对企业的贡献也比你多，说到这里，还会觉得心里不平衡吗？

不管薪水多少，每个人都有属于自己的生活方式和快乐，你要去挖掘幸福，而不是等着它们降临，更不能在幸福降临的时候，将它拒之门外。“暴徒”是辛苦的，也是痛苦的，工作已经占用了我们一天中三分之一以上的时间，难道你要天天“暴徒”吗？

◆ 快乐是否可以“选择”？

随着社会的发展，越来越多的人觉得快乐是一件很奢侈的事情，我们不但经常会遇到不顺心的事情，而且其中很多事情我们无能为力。有时候，快乐只是一种“庆幸”，并没有预计那般美好，我们对结果的评价只是马马虎虎罢了。

由此引出一个话题，我们可以选择想要的快乐吗？例如，你希望自己在五年内升职到管理层去，或是今年的奖金翻倍等，其他对自己来说都不重要。正因为快乐不能“选择”，所以你才会心情低落，甚至不想去上班，大多数人会问：“我究竟怎么了？我要如何做，才能让自己开心？”

虽然快乐无法“适应”你，但是你可以适应它，也就是说，将那些原本非常在意的事情看淡一些，把目光更多地转向原先不在意的事情，这样一来，你的幸福感就会增加。

不妨来看一个案例：

上个月，我收到一封学员的邮件，他写道：老师，我好像很久都没体会过真正的快乐了。我每天都非常认真地工作，甚至连续好几天加班，别的员工总是找借口“开溜”，只有我会二话不说，然后把工作一件件地完成。可就是这样，非但没有听到老板的一句表扬，这个月还因为迟到被扣了工资，我觉得心情非常郁闷，有一种“好人无好报”的感觉，这就是我不快乐的原因。

我是这样回复他的：你不快乐，是因为将目光都放在了非常“闹心”的地方，你觉得自己吃苦耐劳，而其他同事都没有做到这一点，所以老板必须表扬你，并且给予你物质上的奖励，如果没有这些，你就会觉得不公平。其实，在老板看来，你所完成的工作只不过是既定任务中的一部分而已，所以没必要对你进行额外奖励，既然这是无法改变的事实，不妨从工作本身寻找快乐，每当你完成一项任务，是否有一股成就感油然而生？此外，忙碌的工作会带给你充实的生活，你会感觉到自己是被需要的，从这个角度说，工作不只是带给你烦恼。

快乐是可以由你来“选择”的，不一定每天都要有惊喜，不妨为小小的胜利而庆祝。其实，很多细节也可以成为我们快乐生活的理由，不要总是将升职、加薪放在嘴边，难道老板不给你这些你就要整天愁眉苦脸吗？不妨从工作本身找乐趣，享受过程也是“人生一大幸事”。

首先，留意工作中的细节，当你把精力分散开来，就不会太在意升职和加薪了，并且你能够从中获得快乐。曾有学员问我：“老师，幸福到底是一种什么感觉？”其实，幸福从来都不会很强烈，它如同涓涓细流，会带给我们温馨的感觉，升职、加薪能够让你瞬间爆发出激动，这种情绪来得快，去得也急，而细节所带来的幸福感，却可以令你长期沉醉其中。

例如，你正在处理某个项目，虽然每天有很多工作等着你，但是依然可以从中找寻快乐：你完成了某个阶段的工作任务、你及时修正了之前的错误、老板表扬了你的工作表现等，不要觉得这些太渺小了，如果你可以为小事而产生“成就感”，便是一个知足的人，俗话说：知足常乐！保持这种状态，你就已经在选择属于自己的快乐了。这种涓涓细流的快乐每天滋润着你，日积月累汇成江河，成为你的快乐习惯，它会改变你的生活、工作，甚至前途，每个成功的人都是在快乐中成长进步的。

其次，任何事物都有两面性，你付出的越多，得到的也就越多。很多人感叹生活不幸，是因为他们只看到自己的付出，而忽视了回报。可以作为回报的不只是金钱和权利，还有其他快乐，例如，你在解决实际问题的过程中获得了经验、你陪同老板出差领悟了一些交往技巧等，这些能力虽然看不见摸不着，甚至在短时间内无法令人觉察，但却会给你将来的工作打下基础。

“当你付出了金子，你可能得到了银子，但是你付出银子，你绝对不可能获得金子”。

当你付出辛勤劳动的时候，应当沉下心来，不问结果地埋头苦干，只去寻找付出时的乐趣，你越是顾及结果，可能结果越会令你失望，但是你的心里却要保存一份美好而坚定的信念：我一定会获得理想的成果。

很多职员每天做着同样的事情，既枯燥又没有营养，实际上，世界上没有一份工作是非常普通的，优秀的人会用更加高效的方式处理它，也可以从中汲取自己想要的营养。例如，老板让你将一份文件交给客户，这件看似简单的工作，想要完美地做好也是不容易的。你得先确定对方是否在公司？他什么时候有空接待你？交接文件的时候，你们之间会说些什么……只有把方方面面都想清楚了，才不至于让自己跑空，并且能够让对方看出你的能力。通过你的努力，把一项工作完成得很完美，你还会不开心吗？

说到这里，你还觉得快乐是无法选择的吗？即便老板交给你很多工作，哪怕你还是一名基层职员，或许你正拿着微薄的薪水，但这些都无法阻止你成为幸福的人，你要自己去找寻快乐。

◆ 不快乐的心理动机

当我写下这个标题的时候，很多学员表示不解，什么是心理动机呢？人本身是内因，受到某些刺激后，便会产生快乐、悲伤、愤怒等情绪。但是光有外因不行，人的内在动机同样重要，情绪是从心里产生的，所以，要想让自己变得幸福，必须让内心源源不断散发出“快乐因子”。

很多人一开始就为自己“下套”：我觉得自己很笨，不优秀；我觉得工作很烦，老板总是找我的茬儿……在这种消极暗示下，心情难免会低落，不妨在每天清晨给自己一些积极的鼓励：我很棒，我是一名出色的职员！

你本来就是非常优秀的，只是没有看到自身优势。我曾让学员做这样一件事：先将他们分成小组，然后互相介绍对方的优点。十分钟之后，很多学员表示：原来我有这么多优点！结果，那天的上课气氛特别活跃，几乎每名学员都神采奕奕的。

你只是忽略了自己拥有的东西，并且将不快乐的事情无限放大，才形成了不快乐的心理动机。不妨通过下面一个案例，学会如何化解不良情绪：

我的朋友梁天在一家外企任职，由于住得比较远，他每天早晨6点就得起床，穿衣、洗漱，然后用凉水轻拍自己的脸，并对着镜子微笑：“嗨，梁天早上好，美好的一天又开始了。”

拥挤的公交车并没有让他觉得厌烦，他一边听音乐一边看杂志，一个小时后，他来到公司。

由于来得比较早，梁天会先简单地打扫一下卫生，然后泡茶，吃早餐，八点钟，当其他员工陆续来办公室的时候，他已经开始精神抖擞地工作了。

今天的工作量很大，梁天先制定好计划，然后逐一完成，8点到12点之间，他只是起来伸了一会儿懒腰，其他时间都在埋头做事。

正准备去餐厅吃饭，主管急匆匆地找他，让他将一份文件送到J公司去，同事说：“老板真是的，连饭都不让人好好吃。”梁天一边收拾东西，一边嬉笑："嘿嘿，去J公司的路上有一家很好吃的饺子店，要不要我给你们带点儿？"同事连忙点头，说完，他就朝门口走去。

忙碌的一天终于结束了，梁天的工作效率很高，所以他能够在五点钟准时下班，临走前，他拍拍还在加班的小李："我先回家睡一觉，晚上还有球赛呢，你加紧干活，不然只能明天听'转播'了。"

梁天属于典型的"乐观派"，就算是所有人都觉得不快乐的事情，他也能联想到美好的一面。快乐长在你的心里，任何人都无法抢走，如果你觉得自己不幸福，就得先找到原因，然后想出对策，才能让自己快乐起来。

首先，你如果过于在意他人的看法，长此以往，就会造成自己的心理负担。曾有学员说："哪怕同事说我今天穿的衣服不好看，我都会纠结一整天。"这样的人，心理负担肯定很重。你不可能在所有人眼中都是很完美的，一天、两天……消极想法就会被你记在心里。原先挺乐观的一个人，却因为别人的评价而郁郁寡欢，也太不值得了。每个人看问题都存在片面性，张三说你脾气不好，李四说你不够认真，他们都只看到了一方面，甚至有些时候他们在"就事论事"而已。例如，老板说你在这项任务上不够用心，并不代表你对所有工作都不用心，与其在一旁难受，不如做点有意义的事情——马上修正错误！

谁都无法做到令所有人满意，不如尽可能做到你所能达到的最高水平，至于他人的评价，你需要客观对待，别一股脑儿全听到心里，只要遵守你的处事原则就可以了。

其次，工作就是"痛并快乐着"的过程，你是否只感受到前者，而忽略了后者？在很多人看来，"烦恼"、"枯燥"、"痛苦"就是工作的代名词，却忘记了痛与快乐是并存的。对于其他职员来说，每天赶一个小时的公交车是痛苦的，而梁天却利用这个时间放松自己；当你要去吃饭，老板偏偏叫你出去办事也很辛苦，梁天也能够“苦中作乐”……客观事实摆在那里，你可以通过不同角度去看它，这样才会有“横看成岭侧成峰”的感觉，如果你只看到了痛苦，如何让心情好起来呢？

当然，你还要打破一些根深蒂固的观念。某些令你不快乐的心理动机已经存在很久了，例如，为什么老板还不给我加薪？从我到这个部门开始，小李就一直针对我；马上又是月底了，又要开始加班忙碌……这些坏情绪周而复始地在你心中持续，渐渐形成打不开的“死结”，虽然化解它们需要一定时间，但是你越早“解开”，就越早轻松。

例如，每个月底你都要制作很多报表，那么多数字，让你看着心烦，不如先核算比较简单的，再进行复杂的工作，给你进入工作状态预留一些时间，能够起到缓冲的作用，当你渐渐有了“感觉”，可能还会觉得这些数字很可爱呢。

找到了令自己不愉快的心理动机，是为了化解和改善它们，最终让自己成为幸福的职场人。既然它们的形成不是一朝一夕的事情，你也无法在一朝一夕间处理完，不着急，慢慢来，就像处理日常事务一样，一点点接近成功。

◆ 消极行为是怎样产生的？

有时候连我们自己都非常纳闷：“我当时怎么想的，为什么会那样做呢？”其实，当我们心情不好的时候，思维就会陷入混乱，会出现很多无意识的举动，甚至头脑一片空白，等到情绪恢复，你可能连当时自己做了什么都想不起来了。

由此引发了一个话题：消极行为是如何产生的？

大脑支配整个人，你所有的动作都是“来源”于它，它们是被情绪所控制的，产生消极行为的前提，使你的心情很低落。很多人会想到那个“酸葡萄”的寓言：狐狸一开始满怀信心地看着树上的葡萄，觉得它会很甜，所以想尽办法要得到，当它努力了很多次都没有成功的时候，便产生了消极的想法，认为这些葡萄肯定很酸，这才离开了果园。

可见，良好的情绪能够帮助你形成积极的处事状态，不妨来看一个案例：

上周末，我去亲戚家做客，大家正在聊天的时候，我问道：“孩子在家吗？”亲戚说：“正在房间处理工作，都一整天了，也没见他出来。”

我走进外甥的房间，看到桌上、床上都散落着资料，他一边狠狠地敲击键盘，一边翻阅资料。我询问了情况，原来，外甥正在赶制一份表格，明天就要交给领导，但是他昨天晚上才发现其中有很多问题，几乎需要重新做，所以才会这么烦躁。

他对我说：“我越着急，工作就越和我作对，心情就越差，恨不得把电脑砸了。”

不少人都有过这样的经历，当你情绪不好时，就容易做出消极的行为，例如，发脾气、砸东西，甚至把自己灌醉……不论是发泄情绪、麻痹神经还是逃避现实，消极行为都会令原本就一团糟的情况更加糟糕，如何化解这方面的困扰呢？你不妨听听我的想法：

首先，当你觉得头脑无法正常思考的时候，不要着急做任何事情，先冷静下来。思维出现混乱之后，消极行为就会产生，为了避免出现此类情况，你不妨先休息一下，放下所有工作，这段时间里，不用去想任何事情，保持深呼吸，让精神放松下来。

我对外甥这么说：“你先放下手上的工作，去床上躺一会儿，也可以睡半个小时，起来之后不要着急动手做，先想想哪些地方需要修改，然后列出具体方案，再逐一解决。”

有些人觉得，事情非常紧急，我哪儿还有时间休息？可是如果你坚持做，在你心情不好的那段时间里，你简直在“胡作非为”，很有可能会对之后的工作产生负面影响。为了中断“恶性循环”，最好的办法就是先冷静下来。

其次，鼓励自己去面对所有事情，摆脱“逃避”的阴影。越害怕的事情，越要面对它，所有人都不可能一帆风顺，我也常遇到棘手的事情，逃避不能解决问题，不妨试着鼓励自己去面对。

例如，老板让你出差去某市，处理好与客户公司之间的分歧，这件事挺麻烦的，你不想做，渐渐地，行为变得消极：工作效率低下，不想与人沟通，做事提不起精神……所有行为的产生，都是因为你不想出差。

此时，你已经开始“逃避”了，心里想着“逃跑”，就可以不用去了吗？当然不行，老板之所以让你去，是想锻炼你的能力，怎么能将这么好的机会“拱手让人”呢？很多人犹豫的原因，是已经预计到工作进行过程中会出现很多问题，你难道没有发现这是好事儿吗？你还没开始，就知道会出现哪些问题，让你有更多时间想办法，总比出现突发情况要好很多吧。

遇到此类情况，你需要用积极的正能量赶走消极情绪，这才是将“消极行为”扼杀在原始状态的有效办法，先让自己冷静下来，再进行分析，当然，你还得摆脱“害怕”、“厌烦”的情绪。

思考模式可以重建吗?

思维是决定你成功与否的重要因素，当你发现思考模式存在问题的时候，还会选择继续使用原来的模式吗？不如重建你的思考系统，让思维真正变成引导行为的有效“纲领”。

◆ 思维能影响行为吗？

我们总是在说：“思路决定出路。”如果你缺乏计划性，想到某件事情就立刻动手，结果可能会和预计的相差甚远，你不禁会问：思维真的能影响行为吗？不妨来看一段小实验：

现在，你需要完成三件事情，去楼下的商店买一瓶矿泉水、把文件交给在对面写字楼办公的李小姐、帮同事买一份午餐。

你会如何处理这些事情呢？

第一种情况：盲目做。先跑到楼下去买水，然后再上楼交给需要的人，再去送文件，直到同事催促你的时候，才匆匆忙忙地去买午餐。

第二种情况：按照一定顺序做。你带着文件下楼去买水，然后去送文件，最后把同事的午餐带回去。

第三种情况：我先问清楚需要矿泉水的人，有没有指定的品牌，然后打电话给李小姐，询问她现在是否有空，如果她此时不在办公室或是没空，文件能否由他人签收，再问明同事比较喜欢什么样的午餐，再按照“第二种情况”中说明的顺序，将这三件事情完成。

可见，不同思维下的行为表现形式有很大差异，几乎所有人都会说：第三种做法最科学。那么，如何让科学的思维决定你的行为呢？你可以借鉴我的观点：

首先，思考处理问题的顺序，也就是说，按什么顺序做事，能让工作效率最大化。我们每天要处理很多工作，但是它们性质却不同，有些比较着急，有些比较重要，不妨将它们先分类，按照“紧急而重要、紧急不重要、重要不紧急、不紧急不重要”的顺利排列开来，依次完成，避免出现手忙脚乱的情况。

这是一种非常有效的方法，你可以制作成表格，每接到一项任务，就把它填写进去，不仅节约时间，也减轻了你的心理负担。

良好的思维就像一段完整的线，如果你在某个地方卡壳，就可能面临从头再来的“风险”。其实，节约工作时间的方法有很多，例如，你打算去拜访客户，途中会经过需要办业务的银行，也会路过企业门店，这样一来，你就可以同时完成三件事，既充分利用了时间，自己也不会感到很疲劳。

其次，思维属于内在，行为属于外部表现形式，前者控制后者，后者验证前者的正确性。如果你正在起草一份文件，那么你的头脑也在飞速运转，当你写前面一句话的时候，后面一句话已经出现在你脑子里了，不过谁都无法看见你究竟在想什么，只能看到显示在屏幕上的字，这就是思维对行为的影响。

所以说，在处理工作前，不妨先想好要怎么做，涉及的细节越多，你越能保证结果的有效性，可以将工作分成几个阶段，然后逐一解决。例如，你要设计一份策划方案，可以将它先分成若干个模块，再设立具体的计划，此时，你有可能想到了一些需要特别注意的地方，马上记录下来，或是想到了可能会发生的问题，立刻去寻找解决办法。

这样做的目的，是为了提高思维的控制力，简单地讲，如果你的想法是对的，行为就有可能是正确的，做事之前先想好，就会最大限度地避免错误的发生。

◆ 思维该减压了吗？

现在的办公室竞争越来越激烈，工作的压力也随之增大，很多人都出现了思维压力，也使得近些年心理医生的生意非常火爆。

其实，只要我们了解了思维压力是什么，压力从何而来，学习一些简单的减压手段，很容易通过自我减压来释放自我，根本不需要心理医生。

思维压力的概念其实很简单，就是指工作上、生活上的一些困境给人带来的心理负担，这种心理负担可能是外界环境造成的，但是更多的还是来自于自我心理调整不及时，才会愈演愈烈。

思维压力出现的原因有很多，大部分的根源是时间问题。很多员工的工作不能按时完成，或者是不愿意提前完成，到了最后关头才来弥补，就像暑假即将结束而狂补作业的小学生一样。这样的行为无疑是在给自己增压，也是一种非常不健康的心理模式和行为模式，医学上甚至给这类人下了一个定义——拖延症患者。

当然，“拖延症患者”的表现是自己造成的，还有很多是他人或者是你的工作环境、生活环境带来的，总而言之，只要人活着，就一定会有思维压力，只是每个人的程度不同罢了。下面是思维压力的四种表现，我们也可以通过这些表现来测试一下，自己的压力到底属于哪一种类型，自己心中的压力到底有多大。

思维压力表现其一——逃避，心理退路空间太大。

人们总说，退一步海阔天空，但是这类人往往是给自己留下了太大的退路，反而使这种减压途径变成了增压。一个人在工作的时候给自己留下太大的退路，就说明他没有把这项工作放在心上，认为逃避并不会对工作和生活有太大的影响。这样的人，往往会因为任务屡屡完成不了而形成心理压力，形成恶性循环。

思维压力表现其二——当没有压力成为习惯，也就成了压力。

有的人安于本分，不追求更高的工作挑战，也不想去突破个人的极限。这类人，宁愿选择退缩而保持现状。他们只觉得，这份工资够养家糊口就没问题了，没必要给自己施压。他们的生活永远都在原地踏步，看着其他人通过努力一飞冲天，说不羡慕嫉妒那是假的，时间久了，这些压力积郁爆发，是非常可怕的。

思维压力表现其三——缺乏自信。

压力大了，人就会失去信心。有的人面对几百米的小山，就觉得自己爬不上去，有的人哪怕面对万丈绝壁，也有信心一览众山小。信心的差距决定压力的大小，没信心的人压力感就强，压迫感越强也就越没信心。不相信自己能做到，那还不如不做。

思维压力表现其四——找不到恰当的工作方法。

当任务超出个人能力时，这类人心头总会升起一种无力感，感觉工作无从下手，有些人被动地逃避，有些人则是顶着压力蛮干。没有恰当的工作方法，是压力大的表现之一，就是因为没有工作方法，因而失去了冷静判断的能力。

看了这些，你属于哪一种思维压力呢？当然，不论属于哪一种，都有着一些共通的减压办法帮助我们缓解思维压力。

首先，我们必须树立正确的生活态度。看起来容易做起来难，生活态度并不是这么好改变的，因为它是我们长久以来生活习惯形成的，不可能一朝一夕发生变化。我们就要从生活的小事做起，改变细节，就能改变人生。比如你以前走在路上，从来不跟熟人打招呼，那你就可以尝试改变这点，热情大方地与人相处，无疑是一个好的开端。

其次，要学会与人为善、与己为善。宽容别人往往很容易，宽容自己则很困难。在工作任务艰巨的时候，与其想破了头都完成不了，为什么不喝杯咖啡，打开窗子呼吸一下新鲜空气呢？或许灵感就会在这时与你不期而遇。

最后，我们还可以通过运动来缓解压力。人的大脑压力来自身体和心理两个方面，这两者既是独立的，也是共通的。当你的思维压力过强的时候，通过骑车、慢跑、游泳等有氧运动，会使你的大脑得到很好的放松，压力自然也就不攻自破了。

◆ 逃避心理的思考模式

在一些影视作品中，我们经常能看到一些人：他们逃避生活，逃避工作，甚至逃避自己的家人与朋友，不愿意工作，更不愿与人相处，把自己孤立、囚禁起来。

现实生活中，虽然很少有人有这么夸张的表现，但是我们身边也有些人有着类似的“症状”。身边的同事看到任务艰巨，就一个个互相推诿；主管再三强调某项任务的截止日期，下属们才开始像算盘珠一样工作。这些，都是逃避心理的典型表现。

什么是逃避心理？逃避心理的概念其实很简单，就是指在某项任务过于艰巨、超出自己的能力范围的时候，人们就会产生不同程度的逃避心理，轻者拒绝完成或者拖延时间，重者因此自暴自弃。

逃避心理其实在每个人的心里都或多或少地存在，只是每个人的表现不同，我们从逃避心理产生的原因开始分析。

逃避心理产生的原因主要有三点。

自觉性、自我约束力差。这是一个人的性格决定的，一个坚韧不拔、有毅力的人，就能够做到不逃避任何挑战，而自觉性和自我约束力差的人，就会在执行任务期间“磨洋工”、不努力，直到发现自己无法完成工作后，就选择逃避。

任务难易度的影响。工作的难易程度也会影响到一个人的逃避心理，作为客观因素，任务太难，大大超出一个人的能力范围，那么逃避是必然的——不是每一个人都是张飞，能面对百万敌军而面不改色。

时间的紧迫度也是一个原因。即使一项任务不是太难，但是时间临近，任务却没有完成，自然会让人产生紧迫感，如果时间过短而导致工作没有完成的可能性，就会让人产生逃避心理。

逃避心理的思考模式主要有两大种类型：懒惰模式和推卸模式。

懒惰拖延模式就是指，明明有能力尽快完成某项任务，却因为自身的懒散而一拖再拖，最终导致能完成的工作没完成，能达标的项目不达标。在人们的懒惰影响下，压力逐渐从无到有，从小到大，让人萌生退缩的心理。

推卸责任模式下，人们总是将任务没按时按量完成的责任推卸给自己的同事，或者推给其他部门，总之是跟自己没半点关系。这样的情况就是逃避，逃避责任，也逃避了上司、同事对你的信任。

逃避心理无疑是对人的发展和工作的完成有百害而无一利的，那么我们该如何来消除这种心态呢？

最简单直接，也是最有效的办法，就是提高自己的责任心和自控能力。我们要把能够完成的任务尽快完成，才能做好迎接下一个挑战的准备。“今日事，今日毕”，这句古话就是我们最应该遵守的铁律。不要把工作一个一个地拖下去，否则即便是制作一张表格这么简单的任务，累积下来，也是一个惊心动魄的任务量。

◆ 改变一切的积极主动思考模式

在工作中，我们最需要的，就是能够积极主动地去完成自己的工作，甚至还可以去做一些额外的工作来锻炼自己。这样的自己，是我们理想中的正面形象，也是老板心目中最喜欢的员工。

那么具体要怎么做才能做到积极主动呢？

我们先来看看积极主动的由来。

早在20世纪中期，“积极主动”这一名词就由著名的心理学家维克托·弗兰克提出来了，他主张，人类的一切行为都应当带着积极主动的态度去实施。

积极主动是对自己负责。

积极主动主要是指行为上的，是人们在为自己负责，不仅是为了当下的自己，也为自己的过去及未来的行为负责。积极主动也可以说是一种价值观，我们根据这一价值观，来决定自己该做什么，不该做什么，而不是凭借自己的情绪或其他客观因素来决定。积极主动的人，往往能够根据自己的意识自主行动，他们才是自己的主人。生活中我们不难在这类人的身上发现，他们往往是自觉性强、善良热情、想象力丰富、自主意识极强的。由此可见，积极主动不仅能够改变一个人的工作、生活方式，更是由内而外改变了他们的生活态度和心理素质，甚至能影响到一个人的气质。

积极主动的态度带来的好处并不止这些。

它能够提高我们的工作效率。积极主动工作的人，不论是完成工作的时间，还是完成的质量和数量，都远在那些被动懒惰的人之上。在企业中，有的员工仅仅是慢慢吞吞地完成老板交代的本职工作，有的人在完成工作之后，还会向老板请示要求其他工作。不用抱怨为什么别人能升职加薪而你却不行，这就是区别，就是原因。

它能让你成为一个受欢迎的人。正如前面所说，不管你信不信，积极主动的价值观和生活态度，确实能改变一个人的气质。这样的人，就是我们形容的“气场强”、“正能量强”的人群，他们因为有着积极乐观的生活态度，勇于面对生活工作中出现的任何挑战，给人的感觉是“走路都带着风的”。他们很容易交到朋友，在家庭中、公司里，也很受欢迎，人缘很广。

树立良好的心态是积极主动能带来的另一个好处。有些人很容易被工作中和生活中出现的一些小问题难倒，但是积极主动的人不会。他们有着强大的心理素质——正是因为积极乐观的价值观已经树立，就不容易被外界影响而动摇自己的心态。始终保持过人的工作热情，对于工作来说非常有益。

说了那么多，我们到底该如何变得积极主动呢？不像很多悲观主义者说的那样，这种价值观其实是不能后天培养的，相反，现在的那些乐观主义者，都是通过自我改变而转变了价值观的。树立积极主动的价值观，应当从以下三点做起：

第一，拒绝借口。我们总会给自己的失误、懒惰找各种各样的借口，其实这是一种对自己不负责任的做法，也是一种自我放纵。我们在犯错误的时候，不能第一时间就去找借口，这不是一个积极主动的人会做的，而应该多考虑自己的原因。比如，某员工经常早上迟到，老板训斥，他回答：早上七点就到车站了，无奈上班高峰，交通拥挤。老板问：那你就不能早去20分钟？该员工顿时无言以对。

第二，良好规划自我。如果我们仔细观察的话，不难发现，每一个成功人士生活工作都是有着严格的规划的。他们不是因为成功才会规划，而是因为规划才成功。这就要求我们给自己制定一个生活工作的作息表，不求有多么详细，但求能够帮助我们提高自控能力。掌握生活规律，就能够给我们树立起积极主动的态度提供助力。

第三，主动接受挑战。不要认为完成本职工作就能得过且过了，有些工作只要是人就能完成，毫无难度可言，关键就看工作态度和能否坚持。能做到的，就可以追求更高的挑战，挑战难度更大一些的工作。那些难度稍微超出自己能力所及的工作，无疑是最好的锻炼自我的对象，当我们完成了它们，不仅自身的能力提高了，积极主动的态度和形象也就自然而然地建立起来了。

第四章

纠偏与重建心理平衡

你以为企业会因为你的不满而对你妥协吗？

◎ 让你与企业背离的症结有哪些？

◎ 给你一次机会，你是否愿意与企业握手言和？

◎ 改变心态，激发内心正能量

让你与企业背离的症结有哪些?

如果没有做真实的自己，就只能把别人当成参照物，长久下来，整个人就会被疲劳感包围，渐渐的，也就离企业越来越远。实际上，如果你能用客观的眼光看待企业，随时保持稳定的心态，便能和企业更亲近些。

◆ 为什么我们总是以他人为参照物?

如今，大家都觉得生活压力特别大，白天是老板的“奴隶”，回到家里还有很多家务等着你，忙活了半天，却拿着微薄的薪水，成为可怜的“月光族”,随着生活节奏的加快,“幸福”似乎离自己越来越远，你不禁会问:幸福究竟在哪里?

20世纪90年代，家家住在筒子楼里，谁都没有私家车，我们都很幸福，因为不存在比较，所以就没有心理落差。而现在，大家逐渐喜欢上了“攀比”，比房子大小，比私家车的品牌，比谁的钱多、官大……你说，能不累吗?

职场亦是如此，大家都愿意以他人为参照物，谁更受老板的青睐、谁的薪水更高、谁的职位更体面，就会向谁看齐。

实际上，每个人都有属于自己的优势，无法进行横向比较，一味将他人当成参照物只会令自己迷失方向。你可以学习人家身上的优点，却不可以盲目照搬。

张浩是我的学员，他曾向我诉说自己的烦恼：大学毕业后，他便在这家企业担任技术员，与他同一个小组的是早他两年进公司的小李，对方具备很强的工作能力，张浩决定以他为榜样。

渐渐地，张浩发现小李做事很有方法，他便开始模仿，却感觉收效甚微，小李依然常常被评为“优秀员工”，但张浩总是榜上无名。

越跟不上小李的脚步，张浩越觉得工作压力大，他甚至开始“嫉妒”小李，开始看不惯他……

相信很多人都有这样的经历。其实，你就是独一无二的，何必去模仿他人。每个人的思维都存在差异，想的不一样，行为也就不尽相同，从老板的角度说，他也不希望自己员工都是“一模一样”的。你要做最好的自己，而不是翻版的他人。

首先，正因为对方很优秀，才会变成你的参照物，但是你忽略了自己也是一个优秀的人。没有谁会把“落后分子”当成参照物，你羡慕他，是因为自己还没有达到那一层“功力”。例如，老板对某位同事赞不绝口，你就暗下决心，一定要超越他，于是非常努力地工作。这是一件好事，你可以把他当成自己的“目标”，但不是强迫自己去复制他的模式，你可能在其他方面非常优秀，只是被你忽略了而已。

当你在羡慕他人，甚至将其当成“参照物”的时候，别人有可能在羡慕你，不妨将自己的优势和别人的相对比，就会发现，原来自己有这么多优点，虽然在某些方面可能不及那个“参照物”，但是自己在其他方面已经远远超过他了。

其次，“参照物”也会有犯错的时候，所以不能照搬他的做法。

即使再优秀的人，都可能出现工作失误，你要用一颗平常心看待，我们都是普通人，如果你以他为“榜样”，别因为一次失误而对此失去信心，因为他的身上依然有值得你学习的地方，同时，这对你也是一次提醒，不能照搬任何人的处事方法。

还有，每个人都是独立的，有不同的经历和思考，你要始终相信自己是独一无二的，为什么要去模仿别人，他们会经历鲜花和掌声，也会遇到荆棘与坎坷，没有人可以一帆风顺，谁都不免会经历快乐和痛苦。你之所以把人家当成“参照物”，是因为你只看到他们过着光鲜亮丽的生活，却没有看到他们背后的付出，命运对每个人都很公平，如果你愿意努力，也会有所收获。

与其把别人当成“参照物”，不如走好自己的路，你越羡慕人家，心情越无法平静。多给自己一些积极的心理暗示：我是个很优秀的人！我可以学习别人的优点，但没必要去复制他人的生活。

◆ 为什么劳其心志反而费力不讨好？

我曾在网上看过这样一句话：如果没有将对的事情“施”给需要的人，即使你做再多，对方也不会感激你。

不论工作还是生活，我们常会遇到“吃力不讨好”的事情，自己累得要死，结果连一句“谢谢”都听不到，这到底是为什么呢？

不妨先来看一个案例：

张先生在一家商贸公司任职，是个业务员，此时，行业正处于淡季，他想着做一些“有意义”的事情。

每个月初，业务员都要将一些数据传送给销售内勤，由其汇总后制成销售报表，再传送给老板，所以每个月前五天，内勤都非常忙碌。

张先生想：反正自己不忙，就直接汇总好给内勤吧。

两天后，他把“报表”传了过去，本以为对方会感激自己，没想到，销售内勤气呼呼地说：“我后天就要把这份报表交给老总，你拖了两天才给我，就是因为自己私下已经做成了表格？你知不知道，你做的这个玩意儿一点儿都不合格，我还得重新做，你真是在耽误我的时间啊。”

这句话，简直把张先生给说懵了……

明明张先生是出于好意，却由于不了解具体情况而被同事训斥，这可能是很多“职场好心人”的“下场”。其实，你完全可以帮助同事、老板完成一些额外工作，或是完善之前的工作，但是一定要在充分了解实情的基础上，否则只会给对方增添麻烦。

首先，理解他人的心情，不要因为做了某件“吃力不讨好”的事情就对此失去信心，更不能因此讨厌这个人。你有没有想过，为什么别人会反感你做的“好事”？实际上，他们能够觉察到你是在真心帮忙，但是你的帮助却给他们增加了额外负担，在这种情况下，他们才会说：“你不应该这么做”。例如，你帮同事送一份文件，结果送错了地方，导致他被领导批评，他还会有好心情吗？如果这事儿发生在你身上，恐怕你也会发火吧。

有爱心的人更容易受到老板和同事的青睐，但是如果由于你的失误，一不小心把好事变成了坏事，也不要因此沮丧，接受了错误的“洗礼”，今后你就能够用正确的方式处理这类问题。

其次，就算是帮助别人也要运用一定方法，过于盲目只会帮倒忙。只有当你了解到对方真正需要什么的时候，做事才有目的性，如果人家要 A，你偏偏把 B 给他，如果是你，会高兴吗？

从这个角度看，“吃力不讨好”的原因还是在于你自己，在实际操作前，不妨先了解对方的真正意图，这便是你的目标。为了保险起见，每当完成一个阶段的工作，都要给对方看一下，如果“不合格”应当立刻处理。

还有，“吃力不讨好”的情况并非都出现在帮助他人方面，你自己的工作中也有可能发生类似的情况。有时候，你想把工作做得更完美些，就会对它们进行修改，例如，你发现应该在报表中加入新项目，想到了便开始行动；你觉得应该在办公室养一盆绿色植物，于是就做了；你得知老板要出差，便马上为他订了机票和酒店……这些事情多半在其他人不知情的状况下完成，很多人的动机是为了让对方看到自己的能力，而忽视了这件事情本身的必要性，甚至会让他人产生反感。

为了更好地促成这类事情，你需要完整地听完对方的思路。例如，老板打算去外地出差，这是前半句话，他会不会说后半句呢？如果他说了，情况就有可能发生变化。

不要觉得给对方惊喜就能体现你的能力，工作中不需要这么多惊喜，实实在在的有效结果更令人向往。

先弄清楚具体情况，再考虑如何做，就会减少“吃力不讨好”的次数，当然，你与他们也有“配合”不默契的时候，不要气馁和生气，你的努力已经被对方看在眼里了，只是没有运用恰当的方法，不妨加强沟通，试着改进，你才能更适应职场。

◆ 为什么工作时会习惯性地感到无助？

“虽然我们身处团队，却常常感到无助，好像是在孤军奋战。”这句话道出了很多人的心声，似乎身边的人都在忙碌，有时候连话都说不上，更无法谈及企业是个大家庭。这种无助感通常会在工作遇到障碍的时候产生，此时，你的情绪相对比较脆弱，更容易受到消极情绪的影响。

就像其他不良情绪一样，无助感会让你觉得迷茫，好似工作失去了方向，这时候，原先的计划、工作进度等，统统被你抛在脑后，做事的效率低下，会让自己陷入恶性循环中。

李明是我的学员，某次课间，他向我诉说自己的烦恼：“老师，当同事们通力合作、谈笑风生的时候，我总是觉得自己很孤立，我的沟通能力不强，每次与他们协调工作，都很难一次性成功。有时候，工作中遇到了困难，我也不知道如何开口求助于他们，眼看着大家做完事都下班了，我还在办公室埋头处理资料……”

我是这样开导他的：“正因为每个人都有自己的岗位职责，所以大家必须先守好自己的‘一亩三分地’，并不是他们不愿意搭理你，而是对方也有需要完成的工作，说不定他们正因此发愁呢。遇到困难是正常的，不妨先尝试与同事沟通，或许就能很快想到解决的办法。”

如果你将所有工作都处理妥当，并且受到老板的表扬，又何来无助感呢？当工作出现不顺利，或是被一堆恼人的文件包围，“无助”的感觉才会悄悄降临到你身边，既然它来了，就要想着如何赶走它，还要防止它“再次来袭”，你可以借鉴我的观点：

首先，工作就像长跑，每个人都正经历着这场比赛，谁能坚持到最后，谁就是真正的赢家。产生无助感的不止你一个人。“哎，我该怎么办？”这句话恐怕已经成为大家的口头禅，工作会让我们疲劳，还会常常令人迷茫，尤其在找不到头绪的时候，不要觉得就你有这样的感觉，其实大家都一样，谁都经历过“焦头烂额”的时光。老板把任务交给你：“某某，马上完成他。”但是他并不告诉你该如何完成，从哪儿下手。你不知道怎么做，同事也不晓得，只能靠一点点琢磨。

有一次，我接到学员的电话：“老师，我现在特别无助，每天有堆积如山的任务要做，可同事偏偏不配合，我要制作报表，录入数据，还要跑外勤，尽管我很累，老板还是不满意我的工作。”

“不顺利”似乎成了无助感滋生的温床，当一切烦恼升起，都会伴随着它。经历过长跑的人都知道，当你口干舌燥、汗流浃背、双腿无力的时候，别人也会有相同的感受，你除了坚持下去，再没有别的选择。

其次，你并不是在“孤军奋战”，你身边有很多可以利用的资源。往往孤单和无助会同时出现，当你遇到困难，同事、老板都会“袖手旁观”，实际上，对方并不知道你需要什么样的帮助，所以无法给予你支持。

很多人没有发现，自己的身边就有很多优质资源，或许你会反驳：“我求助了，可是他们不帮我。”我一定会问你：“你求助的方式对吗？”

第一，你要求对人。如果对方自己都不会处理这件事情，你找他肯定没用，你得去找在这方面有充分经验的“前辈”。

第二，在正确的时间找他们。假如对方正在忙，你跑过去说：“嗨，麻烦帮个忙。”估计别人都懒得理你，他会在心里说：“一点儿眼力见儿都没有，没看到我正忙着呢。”

第三，运用正确的求助方式。请教别人，不代表让他替你完成，最好是听听对方的意见和处事思路，人家今天给你一条鱼，你明天还是会饿死，不如送你一根鱼竿，你天天都有鱼吃。

即使你再能干，工作还是常常会给你找麻烦，随着阅历的增加，你可以很自信地说："我能解决眼前的困难。"无论你有多高的职位，拿着多丰厚的薪水，无助感还是会不断出现，当然，你的心理越强大，就越能在短时间里赶跑它。

◆ 为什么总不能清醒地看待企业？

一次课上，我让学员说说所供职的企业在自己心里的印象，大家各抒己见，但都没能够很客观地描述，几乎所有人都在关注：这个企业能给我带来什么？

企业只是一个躯壳，推动它发展的力量来自于人，所以说：一流企业由一流的员工组成。如果你只看到了收获，而忽略付出，企业何来效益，它自己都没有钱，还怎么给你钱？

作为企业的一员，你便是"当局者"，有可能无法看清企业运营的来龙去脉、利润从哪里来。不单是销售部卖了多少产品，需要各部门的通力配合，不然为什么要设立它们呢？有些人说："我是市场部的，这是个花钱的部门，没办法给公司挣钱。"其实，你们的存在是为了保证销售部能挣到更多钱，从这个角度说，市场部也是"任重而道远"的。

之所以无法看清企业，是因为你总是在想自己的事情。例如，你正带领员工进行活动策划，为了把活动举办得更好，你要用质量最好的音响，请最好的主持人来，这些都需要钱，如果老板不批、财务不同意，你看待问题是否就产生了偏差？你可能会想："既然让我做，又不给我提供资金，这不是为难我吗？"可是企业同样有想法："活动的意义很关键，不在乎是否用华丽的装饰品。"不妨对比这两种思路，将它们的优势结合起来，就形成了你的处事方法。

评价员工是否优秀，不单单看他的能力，真正的"精品"还要有良好的工作态度，这其中就包括了"看待问题的客观性"。实际上，员工与企业应当是相互依存的合作关系，但由于很多人无法清醒地面对企业，造成了一些"误会"。那么，如何找到误会的根源，并且消除它们呢？以下是我的理解：

首先，水涨船高的道理谁都明白，你不为企业付出，回报从何而来呢？别着急说你要什么，先看看你能为企业做什么。在所有人付出努力之前，企业什么都没有，得先去工作，让企业有钱，你才能分到钱，如果所有人"大眼瞪小眼"地看着其他人，早晚会饿死。

不必去羡慕那些拿着年薪、专车接送的高管们，他们能够为企业创造的财富远超他的福利，由于职位的局限性，你的工作可能不会那么"伟大"，但是再平凡的工作也会有值得"发挥"的地方。例如，你可以在充分了解企业流程的前提下，不断完善自己的工作，让它看起来更加"滴水不漏"；企业处于不断发展壮大中，每隔一段时间，你会发现之前的工作需要进行调整，才能适应新变化。

有人在抱怨因为每天做着重复劳动而觉得无聊的时候，有些人在思考通过何种方式令工作更完美，很显然后者更容易获得成功。你的努力会被老板看在眼中，一旦你的工作产生了良好的效果，对方就会给予你回报。

其次，如果你觉得自己还无法清醒地看待企业，说明你没有进入状态，简单地说，你没有把它当成“自己人”。交朋友的时候，需要不断了解对方，看清他的方方面面，然后你们才有可能成为好朋友，对待企业同样如此，假如你都不了解它，谈何用客观的眼光看待呢？作为企业的一员，你们是荣辱与共的，企业效益好，员工的日子才能好过些，因为那些电脑、打印机、空调都是用钱买的。

不妨把企业看成一个大家庭，哪位成员出了状况，都会影响整体。工作是一条流水线，某个环节出现误差，都会波及其他部门，所以同事之间要好好配合，尽早抛弃“事不关己，高高挂起”的想法。

正因为把企业看成“自己人”，你才会为之努力，才会想到这些努力都是值得的，你已经身处其中，凡事都要想着企业。例如，自己如何做，能够降低企业的成本？怎么样多卖产品，增加企业的销售额？如果把精力都投入工作，便不会过于在乎得失，直到最后你会发现，原来自己完成了那么多工作，我是企业的一分子，我应当为此付出，当然，你的表现越好，福利也会随之增加。

我们到底要用什么眼光看待企业？想要找到答案，先要弄清楚自己与企业的关系，我曾开玩笑似的引用过一句广告语：“大家好才是真的好！”你的付出是为企业增添动力，同时，企业也会为你提供相应的平台，让你自由发挥。

◆ 为什么总是对自己过于“忤逆”？

我们接受的教育，是把自己当成中心，正因为你把自己看得太重了，所以觉得别人都在针对你。实际上，企业做出任何决策和制定规章的时候，没有想过针对某个人，这些都是面向大众的，谁都要参与进来，如果你觉得某项规定是在针对你，只能说明你在此方面确实存在问题。

例如，公司规定员工必须在早上八点前打卡，如果你尤其讨厌这个，说明你爱迟到。作为一名普通职员，老板完全没必要对你“特殊照顾”，想到这里，心中是否轻松很多？

确实，企业会制定一系列规定和流程，并告诉员工必须遵守，不巧你恰好处在规定的“边缘”，眼看实在无法跨越的时候，就会想：“这样的规定不是明显让我为难吗？”

为难的不是你一个人，企业制定所有方案前，都会经过深思熟虑，为了维持公司正常而有序的运转，老板们不得不这么做。

既然无法改变已经存在的客观事实，为何不试着让自己轻松起来，只要你转变看待事物的眼光，生活就会变得很美好。

首先，你要保持良好的人际关系，当你认识到自己是受欢迎的，才不会觉得企业过于“忤逆”你。消极的情绪往往是不良人际关系的产物，如果你在企业里有很好的人缘，只会觉得自己是幸福的，还会去揣测他人对自己的看法吗？谁都喜欢同性格好的人交往，如果你是个脾气很古怪的人，大家肯定都会躲得远远的。

我曾做过一个调查：你最想交往什么样的人？然后我总结了大家的观点：乐观、有上进心、热爱学习、具备领导才能、拥有良好的沟通能力等，大家之所以愿意和这些人交往，是因为他们身上会散发出积极的生活态度，也就是说，正能量越多的人，越有高人气。

一次，我同一位学员聊天，他是个很乐观的人，我问道：“你是如何保持乐观的？”他说：“我走到哪里都有好人缘，我不爱斤斤计较，喜欢交朋友，我是个讲义气的人，所以身边的朋友很多，也都对我很好，所以我没什么不开心的事情，因为我觉得自己很幸运，所有人都在对我好。”

这种积极的心理暗示，往往真的可以给他带去好运气，让他产生幸福感。幸福是会写在脸上的，其他人看见了，更加愿意接近你。

其次，能够摆正位置的人，便少了很多烦恼，这种思想就像“铁布衫”，把一切不好的情绪挡在外面。曾有学员说：“我真希望这个世界上有‘铁布衫’，可以抵挡不好的东西。”实际上，你自己就可以编织一件“铁布衫”。

在企业中如果你是一名基层职员，你的职责是处理好岗位上的所有工作，并且完成老板交代的其他任务。当然，这可能是个非常复杂的过程，你需要与同事沟通、拜访客户等，不过，依你的能力完全可以搞定它们，等到顺利完成工作，你就可以休息了，别人也不会说你什么，何必去在意企业是否在“忤逆”自己呢？

假如你是管理层成员，建设好团队就是你的主要工作，其中有很多需要你发挥主观能动性的地方，例如，通过培训提高员工的素质、打造更优质的发展平台等，不过，老板考核你的工作能力，会从员工入手，他们越优秀，说明你越能干。

当然，工作难免会遭遇“障碍”，这些困难不是专门为你而设立的，所有人都会遇到，只不过优秀的人会想办法跨过去，普通人却对着它愁眉苦脸，甚至怨天尤人。

说到这里，心情是否轻松很多？不少错误的感觉都来源于你对客观事实的错误判断，我们都太想出色地完成工作了，所以才会在遇到困难的时候，出现想法过于极端的情况。如果你可以保持良好的人际关系，工作时光就会是幸福的，如果你愿意摆正自己的姿态，消极情绪就会远离你。

◆ 为什么难以面对真正的自己和企业？

我曾对学员说："恐怕连你自己都不知道想要什么，喜欢什么，擅长什么。"这句话说完，下面一片安静，或许是觉得我说的对，或许是一时找不到反驳我的话。现实就是如此，往往不是你不想去了解自己，而是不愿意面对真实的自己，对企业的态度亦然。

我收到过这样一封邮件：老师，我知道自己并不优秀，有很多缺点，并且都还没有改正。我觉得每一天都在自欺欺人，因为外人眼中的我，是清高而骄傲的，我习惯了别人对我的夸赞，不愿意听到他们批评我，就像我不愿意面对自己的缺点一样。同时，我也无法用正确的眼光面对企业，我觉得自己得到的还不够多。

我是这样回复他的：当你敢于承认自己有很多缺点的时候，这本身就挺了不起了，谁都愿意听到掌声，这也非常正常，其实，你已经跨出了第一步，为什么不再尝试往前走一点儿呢？下一步也非常简单，就是进行自我剖析，看看你究竟有哪些缺点。至于公司，你也认识到了自己在用非常不公平的眼光看它，那么，到底哪里不公平了呢？接下来的一步，可能要艰难一些，因为你必须纠正消极想法，改正自己的缺点，将自己融入公司的大家庭里，别担心，有了前面两步打基础，后面也会走得很好。

他已经认识到自己的不足，所以我愿意通过鼓励的方式，让他勇敢地面对后面的事情。正因为“错误”的看法能够让自己获得更多心理上的满足，所以你不愿意面对真正的自己和企业，有的时候，我会对学员说:“你们就豁出去吧。”那种胆怯的心理,在你“一咬牙一跺脚”后，也会变得荡然无存。那么，到底是什么原因让你不敢面对真实的自己和企业，应当如何破解呢?

首先，你总是渴望自己是完美的，但正因为不完美，生活才有意思，不然就会变得百无聊赖。我们总是在说别人的时候振振有词，一旦轮到自己，总是认为:我现在的状态挺好的。确实，谁都没有很潦倒，只是生活质量存在差异罢了，你眼中的自己肯定很“完美”，因为所有人都会按照自己的思路想问题，也就是说，你会将自己的观点当成“标准”。现实真的如此吗？其实你比谁都清楚，还有很多比你更厉害的人，他们不仅想法很超前，而且具备超强的执行力。承认自己“不完美”又何妨？你还有改进的空间，看着每天进步一点点的自己，怎么会没有幸福感呢?

真正的你，可能有很多缺点，或是根本不适合眼前的工作，这有什么不好面对的呢？谁都有缺点，每个人都是，当你认识到自己的长处和劣势后，就可以更好地取长补短，或是干脆修正缺点，令自己更加优秀，这对你来说，难道不是好事儿吗?

其次，如果把企业看成一个“人”，那“他”也不可能是“完人”，所以你要用客观的眼光看待“他”。很多人的努力构成了企业，既然有人的参与，就肯定存在局限性，也会发生错误，这些都是正常的，哪怕是全球巨头，管理上都会存在漏洞，所以说，任何企业都是不完美的。

作为员工，你需要从各个角度关注企业，你当然希望它是完美的，这样一来，你就有了一份体面的工作，同时，你又觉得企业给予自己的太少了，与付出不成比例，在这样“爱恨交织”的情绪中，你度过了每一天。

实际上，企业给你提供了发挥才能的平台，从这个角度看，你应当感谢它，不然你连表现自己的机会都没有；同时，我们不得不承认，企业在制度设计、管理等方面还存在很多不足，无论你是普通员工还是团队管理者，都应该正视这个情况，想要让企业不断发展，就要在保证优势的前提下，不断修正工作，这是每名员工的责任。有人说：“我又不是老板，这些事儿轮不到我做。”当然不是，领导者起到决策的作用，员工的执行力也同样重要，老板的想法再高明，员工不去积极有效地执行，不还是白搭吗？

实际上，面对真正的自己和企业并不是什么难事，不妨先给自己打个“预防针”：现实情况远没有想象中好，当然，想要正确地看待它们，还需要你保持眼光和想法的客观性。

给你一次机会，你是否愿意与企业握手言和？

机会掌握在自己手中，如果你愿意纠正之前的偏差，并且让自己在身心放松的前提下工作，结果肯定不一样。什么时候发现错误都不算晚，关键在于你是否愿意接受新方法，尝试和企业重建关系，来一次“握手言和”。

◆ 企业“偏”了，我们怎么“纠正”？

作为员工，特别是管理层职员，当你看到企业已经“偏”向另一种状态的时候，有没有想到“纠正”的办法。当然，企业本身是没有思想的，心理状况出现偏差的是员工。于基层职员来说，审视并且把握好自己的心理很重要；于管理者来说，不仅要端正自己的心态，还要照顾员工的心理状况，这是一次好机会，关键在于你是否愿意和企业“握手言和”。

完成角色认知，是所有工作的第一步。作为下属，你要对上级负责，不仅表现在出色完成老板交代的工作，还要在日常工作中，体现经营者的意志，而不是你的想法。很多管理者都有这样一个误区：这个团队中，我是老大，他们得听我的。从表面看起来确实没问题，但是你忽视了将更高层管理者的理念传达下去，这样一来，基层职员并不了解企业的经营理念，影响了企业的统一性，导致管理的“脱节”。

某些基层员工的想法也存在“误区”：觉得自己在企业中毫无地位，自己是个无名小卒，能影响整体的力量极小，就算自己变好了，也不会对企业产生推动力。

由此可见，角色认知是多么重要的事情，不过，这只是个开始，想要“纠正”已经“偏”了的企业，你还需要做出更多努力。

首先，避免出现好高骛远的情况，所有人都要端正态度，正视过去、现在和将来。期待美好是所有人向往的，自信的态度也是成功的基础之一，但是不能好高骛远，总是想着一些不切实际的东西，到最后啥都没得到，自己却变成了“空想家”。例如，销售部去年完成了100万元的任务，根据对今年市场情况的预测，把目标定为120万元，来年再做相应调整，不论是哪一项数据，都要对具体情况负责。如果你说：“今年大家加加油，争取卖掉500万元的产品。”恐怕要把销售员们吓坏了，因为这根本是不可能完成的目标，目标失实也会打击员工的积极性。

大家都太想把企业做好了，所以才出现了很多“极端化”的想法，甚至想“一口气吃成个大胖子”，结果呢？体重倒是没增加，肚子却被撑破了。好高骛远的想法，不仅会打乱正常的工作秩序，还会给自己和下属造成过大的心理负担，长时间在这种高压下工作，你铁定会“疯掉”。

企业就像人一样，要经历成长的过程，这段时间里，谁都要用正确的眼光看待它，会“摔跤”，会“闹脾气”，也会“获得荣誉”……想要让企业顺利“长大”，必须遵循一定方法，不能采用类似于“揠苗助长”的方式，否则只会令其“死”得更快。过去对我们来说，承载了经验和回忆；当下是需要我们好好把握的，不能虚度任何一天；至于将来，会在“今天”的基础上变得更好，这是循序渐进的过程，谁都无法改变。

所以说，好高骛远只会令企业更加“偏”，只有正视才是“纠正”它的基础。

其次，与其埋怨和责怪他人，不如从自己身上找原因，所有错误的发生，都不可能完全由对方造成。如今，大家动不动就会把责任推到其他人身上：“这和我无关，都是他干的。”真的与你无关吗？

某天，我在银行遇到一个熟人，他在H公司当会计，我看出他非常着急，便问道："怎么了？"她说："真是讨厌，柜台工作人员真是慢死了，我着急给客户转账呢，这不，前面还有十来个人在排队，我后面还有事儿呢。"

于是，我想到：你既然是一名财务人员，肯定经常同银行打交道，什么时间段人比较多，你也一定有所了解，可你偏偏赶这个点儿来办事，可见是没有计划好。

这种人分布在企业的各个部门，每当遇到紧急情况，就开始抱怨："要不是你……，我早就……"我特别想说：你早干嘛去了！

所以，不要总是盯着别人，还要看看自己是否存在失误，如果所有员工都把责任推到同事身上，企业能不"偏"吗？既然此类情况已经出现，就要予以纠正，每当工作出现障碍的时候，先从自己身上找原因：我应该修正哪些做法？

当然，把企业弄"偏"了的原因还有一个，就是越来越多的人害怕失败。我不得不承认，所有人的所有努力都是为了寻找"成功"，但是"失败乃成功之母"，哪个企业没经历过失败的痛苦？尤其对于处在成长阶段的企业，由于缺乏经验，"走弯路"是很正常的事情，害怕失败会导致你不敢迈出步子，你都不去走路，何谈到达终点呢？

其实，失败也能带给我们很多财富，例如，教训、经验和强大的心理素质等，这些都为成功奠定了基础。试想，没有经验的人，如何处理好具体事务呢？没有坚强心理素质的人，如何面对一次次挑战呢？原来失败还能够给我们带来这么多"好处"，你还会害怕它吗？

越是害怕失败的企业，就越脆弱，为了"纠正"它的这种想法，你需要带领团队迎难而上，摆脱一切束缚你的思想“枷锁”，我甚至对学员说：“别畏首畏尾，别给自己留后路。”

如果你已经知道企业“偏”了，我会说：“恭喜！因为你还有机会纠正。”就像你发现自己生病了，没关系，马上去治疗，等到康复后，你又可以享受人生。企业亦是如此，发现问题并不可怕，关键在于你要及时“纠正”它们。

◆ 求助还是“自助”？

当工作遇到困难的时候，你是选择自己想办法还是求助于他人？有些人习惯了开口，他们会说：“哎，能帮我个忙吗？”有些人不喜欢求人的感觉，于是说：“我觉得自己能行。”更多的人，会先进行尝试，等到真正束手无策的时候，才会去请教别人，我们不妨来分析一下这些行为的好与坏。

第一种，凡是都喜欢求助他人。他们看似很轻松，遇到困难，只要动一动嘴，就会有人帮他们解决，几乎不用花费一点儿力气。结果呢？他们是将任务完成了，但是却没有从中积累到经验，等于说把时间浪费了。你无法保证永远都有人帮你，将来怎么办？所以说，这种做法并不可取。

第二种，“闭门造车”，不好意思向别人开口。有些人觉得求人是件挺没面子的事情，所以还是自己想办法吧，可是结果往往不那么令人满意，因为你完全在闭门造车，做出来的成果和预计的根本就是两码事，所以说，这种做法也不可取。

第三种，先自己想办法，如果遇到不明白的地方，再去请教有经验的人。相对于前面两种做法，这个最科学，你不仅使自己得到了锻炼，也提高了解决实际问题的能力。

既然已经知道哪种方法最科学，很多人便开始模仿，其实，关于"求助"还是"自助"的话题，远不止这些，我们不妨来深度地剖析一下，看看到底要如何把握两种方法之间的"度"。

首先，你要清楚什么事情求助比较好，什么阶段"自助"比较好。关于这两种解决问题的方法，还要分清时间和状况，例如，你刚刚遭遇困难的时候，肯定要自己先思考，看看是否能够想到处理办法，不要急于请教别人，不然你在这件事情上，无法学到任何经验。但是，对于自己从没有接触过的事情，可以先找有经验的人问问，重点关注有没有需要特别注意的地方，以免自己犯错。

总的来说，"自助"应该是第一步，除非遇到某些特殊情况需要请教他人，这可以帮助你养成主动思考的习惯，也是一种能力的象征，通过这件事情，让自己多一份能力，不是非常好吗？

当然，你也要根据实际情况而定，在自己对工作毫无概念的情况下，可以先请教他人，避免在一开始就弄错了方向。不过，"请教"也有很多方式，比起直接询问别人，我更倾向于去观察他做此类工作时留下的资料，例如，你打算编制一份报表，可以先借来别人的模板学习，再找到适合自己的方式。

其次，"求助"与"自助"是可以相互转换的。我们在遇到问题时不能一味地求助别人、等待他人救援，而是要想办法自助、积极参与到救援行动中。譬如主动参与上级组织的"头脑风暴"会议，多动脑思考，与他人交换想法，说不定在某个人的启发下你的思路就通了，问题就迎刃而解了。

例如，老板让你策划一个活动方案，这是你首次接触类似工作，对于很多细节都不了解，可以去请教有这方面经验的人，这是别人对你的帮助。从他人的角度说，自己虽然有经验，但思维相对固化，需要接受更“新鲜”的思想，而那些经验尚不足的人，更容易产生“奇思妙想”，这是你对别人的帮助。

群策群力的方式，可以激发大家的内在潜力，所以人能够在高效的情况下想出适合的办法，实际上，这不过是换一个思路想问题，把“自助”和“求助”看成一体，才能让更多人受益。

当然，不论是“自助”还是“求助”，你的目的都是为了解决实际问题，今后，这类情况可能还会发生，你可以将经验记录下来，自己就会逐渐变成“有经验”的人，甚至以后大家也会向你请教。

无论你对某项工作多么陌生，都不能放弃自助思考的机会，这可以锻炼你的思维和判断能力；无论你对某项工作多么有自信，都不妨听听他人的想法，或许就能完善你的工作。关于是“自助”还是“求助”这个问题，综合起来看，需要自己思考的时候就埋头苦干，需要请教他人的时候就马上去做，但是，这些经验都值得你保留下来。

◆“我错了”，现在还能改变吗？

我们往往会在一段时间后，才发现之前的工作存在漏洞，也有可能到今天你才了解到，自己以前是非常固执的，既然已经认识到自身的不足，接下来就得想着如何纠正，此时，大家心中不免有了疑问：我已经错了，现在改还来得及吗？

我们都听过“亡羊补牢，为时未晚”的故事，如果你还不断犹豫，机会就从你身边悄悄溜走了。所以说，当我们发现错误，得第一时间停止手上正在进行的工作，然后分析错误发生的原因，最后想办法修正错误。有些人觉得：这点小错没什么，也不会对后面的工作产生影响。其实不然，任何细节上的错误都有可能是失败的“伏笔”，错了就要改正，不仅对此项工作有好处，还会帮助你形成更缜密的思维。

不妨来看一段案例：

张华在某公司担任行政主管，为了完善人员考核制度，他决定设计一套新的考核方案和流程。

当他把方案拿给老板审阅的时候，对方说：“这样做太麻烦了，未必会有很好的效果。”张华觉得老板并没有看懂这套方法的可行性，于是说：“我愿意尝试一下，请您批准让我试运行两个月。”老板答应了。

当他向员工介绍这套方案的时候，他们也觉得特别麻烦，可是既然已经确定了要执行，大家也只好配合。

两个月下来，张华发现这套方案确实存在很大问题，不但烦琐而且非常不实用，这时候，他该如何选择呢？

不同的人可能有不同的解决办法，但相同的是我们都必须正视之前的错误，不要觉得“已经来不及修正了”，你早一分钟改正错误，对结果都是有好处的。

方案毕竟才试运行两个月，张华可以选择继续用之前的那套方案，也可以对新方案进行调整，但是不能置之不理，否则会对之后的工作产生消极影响。

当一项任务进行到中期的时候，如果你发现自己错了，是选择重新开始，还是让错误继续下去？很多人会纠结一会儿：重新开始的代价太大，让错误继续则对结果不利，其实，你可以找出和错误相关的部分，进行局部调整，先做调整再开始后面的工作，能够最大限度地维持结果的正确性。实际上，发现错误是个好的开始，因为你还有时间修正它。

首先，冷静地面对错误，不要急躁，你越紧张，思维越容易出现混乱。不少人会在错误面前败下阵来，是因为他们连听到这个词的勇气都没有。你完成的工作需要交给其他部门或是老板，其结果正确与否会影响他人的工作，一旦发现错误，你肯定很着急：明天就要给老板看，今天才发现其中有错误，我该怎么办？

紧张的情绪会增加你的心理负担，不妨先深呼吸，试着让自己冷静下来，这样才能够去思考。我常对学员说："办法总比困难多。"你有很多解决办法的途径可以选择，所以不必过于惊慌，再者说，你已经找到了问题所在，接下来的工作只是对此进行修正，不会耽误你太多时间，想到这里，你还会那么紧张吗？

当我们发现错误的时候，很多人心里并没有在想要如何解决，而是担心被其他人发现了怎么办，甚至会将思绪拉到很远：老板会不会扣我奖金？会不会炒我鱿鱼？同事会不会变得不信任我？

这些都不是当下你要想的事情，你越胡思乱想，心里就越乱，还会浪费时间，与其在这方面花工夫，不如想想应当如何解决，这才最关键，如果你及时改正了，说不定其他人根本不知道你曾经出现过失误。

其次，抛弃“破罐子破摔”的思想，想要改变就从眼前的事情开始。存有这种心理的人不在少数，他们总是寄希望于下一次，例如，你发现用原先的方式处理并不好，于是想到了更好的办法，但是手上的工作已经完成了大半，既然已经开始做了，就索性完成吧，下次再处理类似工作的时候，就用更好的方式。

你为什么不从现在开始改变呢？明知道之前的想法存在漏洞，可能会对结果不利，为什么还要坚持呢？不论做什么事情，开头总是比较困难的，特别是当我们熟悉了之前的做法，让你用新的处理方式，一定会觉得不适应，但你总要去尝试一下，有了良好的开始，后面的工作就会顺利很多。

克服了犹豫的心理障碍，当你发现自己已经错了的时候，第一时间就会想到“纠正”。工作中，谁都难免会发生错误，一旦出现此类情况，不要有太多顾虑，如果你因此情绪不好，只能说明你还没有练就强大的心理。工作能够让人不断成长，想要成为优秀的员工，必须让老板看到你的成长，“成长”的过程中经历错误，如果你具备改正错误的能力，也是老板所欣赏的，谁都不愿意看到在错误面前“抓耳挠腮”的人。

◆ 与企业关系重建

我曾向学员提出一个问题：你觉得自己和企业是什么关系。多数人觉得：企业是老板的，自己是打工者，老板管理打工者，打工者受到老板的“剥削”。想到这里，我们还有心情上班吗？敢情自己和企业是不平等的，怪不得你整天有很多怨气。实际上，只要你愿意改变思考问题的方式，所有事情都会变得不一样，员工和企业是相互依存的关系，离开谁都不行。如今，你看待企业的眼光太狭隘了，过于片面只会让你产生消极想法，不如尝试与企业重建关系，用更加科学的思考方式定义你和企业的“缘分”。

某次活动中，我偶遇之前的学员小赵，他显得非常开心，精神头也很足，回想起他刚来上课的时候，有些无精打采，积极性也不高。我和他打招呼：“最近过得好吗？”小赵说：“我挺好的，您也一样吧。”

接着，我们开始交流，小赵告诉我，他曾想过辞职，可是又觉得这并不是解决问题的根本办法，于是他想到，为什么不尝试用另一种眼光看待企业和工作呢？自己越能干，越可以给企业带来效益，同时，老板会看到自己的努力，并且会认可自己的能力，于是愿意提供更多优质资源给自己，自己可以通过利用这些资源，获得更大成功。渐渐的，小赵觉得自己和企业变成了“合作关系”，并且这种关系很稳定，从而促使自己保持良好的心理状态，这些都是有利于工作的。

当你觉得自己和企业的关系“有些纠结”的时候，不妨回头看看，之前的工作中，企业带给了你什么？你为企业做了什么？很多人不开心的原因，是企业一直没有给他想要的东西：薪水、职位、福利等，所以他才会将企业看成“牢笼”，甚至有些讨厌对方。想要获得你想要的，你要先付出，如果你每天只是重复前一天的工作，何谈有进步呢？

还有些人很惧怕企业，从他们走进办公室开始，恐惧心理便油然而生，他们会觉得老板在盯着自己，认为企业的某些规章制度束缚了自己。长期处于这种心理环境，会让你觉得自己与企业是对立的，此时，你需要重建和企业的关系。

首先，你可以把自己设想成为“管理者”，你会如何处理日常工作？员工之所以和企业形成对立关系，是因为他们没有从对方的角度思考问题，只想到了自己的利益，如果你带领着一支团队，会如何管理他们？难道把员工想要的所有东西都给他们吗？

显然不是，企业所制定的规章和策略，都是为了帮助员工形成良好的工作习惯和缜密科学的思维方式。例如，企业规定，所有商场的“负卖产品”（“负卖”是指商场在没有库存的情况下，由于消费者有购买意向，商家先与消费者办理购买手续，等下一次进货后为消费者提供商品实物）不得超过五件，这时候，销售员不乐意了，我有能力把产品卖出去，为什么不让我做，等到产品到了，再给顾客送去就是了。此时的你，只从自己的角度看待问题，因为你卖出去的产品越多，获得的奖金就越多。但是管理者必须从全局出发，企业要对客户负责，“负卖”通常会在节假日出现，很多店都在抢购商品，企业不能保证几天之内就能进到货，如果时间拖得太久，肯定会影响客户的生活和心情，从这个角度说，制定相关政策很有必要。

你常会被企业的“规定”绊住脚，使得工作出现困难，但不要因此讨厌对方，而是应当想想企业这么做的原因，对于你以后从事管理工作有很大帮助。

其次，企业也是充满温情的，就看你如何理解企业文化。如今，求职者在选择企业的时候，越来越关注其文化内涵，上班的目的不只是挣钱，还希望因此增加幸福感，前提是要在良好的人文环境下工作。

几乎每个企业都形成了自己的文化，有些人误以为这只与领导者的管理风格有关，其实不然，与员工的性格特点也有关，如果只有管理者说："大家要更努力些"，而员工就跟没事儿人一样，企业文化也不能形成。

从这个角度说，文化是"活"的，会根据人的变化而改变。作为企业职员，你也有义务参与到其中，你的心理素质越好，工作能力越强，越会推动企业的发展。

在很多人眼中，企业是冷冰冰的，真的是这样吗？你不妨回想之前的经历，当你的工作出现失误、遇到困难的时候，同事、老板是如何帮助你的？想到这里，你的心里是否荡漾起一些温暖？

有一次，学员小李非常郁闷地说："我觉得企业一点儿人情味都没有，老板每天都会给我安排很多工作，加班也不给我发额外的薪水。"我问他："你上一次出现工作失误，老板怎么处理的？"小李说："老板骂了我一顿，然后叫我在一天时间内修正错误，结果我加班到很晚。"我说："老板骂你，是因为他的心里也很着急，他每天给你安排很多工作，是因为他自己也有很多任务，你做不好，他也不知道如何向上级交代，所以采用了这种方式。老板只是让你修正错误，并没有因此觉得你是个不合格的员工，更没有扣你的薪水，虽然你已经造成了损失，因为老板希望你可以吸取教训，把后面的工作做好。"

实际上，多数企业并没有不近人情，例如，它们会为家在外地的职员着想，提供免费住宿和生活场所，并且配备健身房和休息室等，这些都体现了企业对员工的关心。

企业要的并不多，只是希望员工能够好好上班，不断改进工作方法，从而获得更多利润；员工要的也不多，他们想要在温馨、干净的环境下工作，并且获得相应报酬和福利，当然，前者为后者提供生活保障，后者推动前者发展，员工和企业应该是“朋友”、“伙伴”，带着这样的想法，你看待企业的眼光就会不一样，工作的劲头也会更足。

◆ 自我放松与心理建设训练

有一次，我走进教室的时候发现，学员们几乎满脸疲惫，大家都在说：“哎，马上就到年底了，各种忙碌的事情都冒出来了，真累啊。”确实，我自己也感觉非常疲惫，既然大伙儿都没心思上课，不如来点其他的吧，于是我对学员说：“都把笔放下来，我们先放松一下。”

首先，我带着大家做深呼吸，并且告诉他们：“把不好的情绪都排出体外。”大约过了两分钟，大家的情绪平复了很多，于是我又说：“你们想象一下，自己正坐在瀑布边上，头顶上有蔚蓝的天空，一群鸟儿在树林里飞来飞去，身后是巍峨的高山……”我看见学员们一脸沉醉，似乎都已进入状态，五分钟后，我让大家睁开眼睛，有些人说：“觉得轻松多了。”接下来，我带着他们做了一会儿颈部操、转转脖子、捏捏手臂、揉揉手指……等到真正开始上课，他们的精神明显好了很多，效率也非常高。

每天面对忙碌的工作，大家难免会身心疲惫，与其坐着发呆，不如干点放松身心的事情，例如，跑步、听音乐、跳舞、爬山，等等。经历了一段较长的忙碌，你也可以去旅行，这同样是放松情绪的好办法。

有人说："公司不放假，我哪有时间去旅行。"面对这种情况，你只能尝试着调节自己的心理状态，不要把太多注意力集中在结果上，而是去享受过程，有时候，你不得不把自己埋在文山会海中，因为工作量实在太大了，尽管如此，你都需要抽出一点时间来放松自己，哪怕只是去抽根烟、喝杯咖啡，或是去走廊上透透气。我们的精力有限，无法在电脑前全神贯注地工作五小时，长期处在紧张的工作环境下，对身体非常不利，所以，你需要适度休息，例如，午饭后，靠在座位上小憩一会儿，或是找同事聊聊天，都是不错的选择。

此外，你还要注意心理建设训练，如果没把"内功"练好，如何钻研"外功"呢？如今，各行各业都非常重视员工的心理素质，哪怕你的学历再高、能力再强，没有强大的心理，照样无法成功，甚至一些企业在选拔人才的时候，会特别考验求职者该方面的素质，因为他们都希望自己的员工是"精品"。那么，哪些办法可以帮助你做好心理建设呢？

第一，抬头挺胸，做个自信的人。

回望之前的经历，谁都被拒绝过，也曾为工作、爱情、友情受过伤，从现在开始，你必须振作精神，把自信找回来。

自信的人不会害怕面对过去，不论痛苦还是喜悦，能够带给你的只有经验和回忆，如今的你，完全可以从客观的角度分析，把有用的经验提炼出来，运用到后面的工作中。

既然你是独一无二的，就有属于自己的优势，有你擅长的工作，不必去羡慕他人，因为你也可以通过努力获得成功，所以说，尽管抬头挺胸地走路，不要为过去的失误而悲伤，你要相信自己很棒。

第二，你的目标在哪里？

无论你有多想着手做事，都要先设立目标，因为它可以帮助你掌握方向，如果你连自己要成为什么样的人都不知道，何谈成功呢？值得一提的是，目标不能过大，但是也不能太琐碎，例如，你可以说：“去年我没有完成目标销售任务，今年一定要完成。”这个目标是非常实际的，并且能够给予你一定压力，但是你不能说：“我今年的销售额要比去年多十倍。”因为这根本实现不了。当然，目标应当具备概括性，不能太琐碎，你想的时候累，真正实施的时候会发现根本不是那么回事儿。

第三，你是否有端正的态度和坚定的信念？

“世上无难事，只怕有心人”，如果你都没有端正自己的工作态度，怎么把事情做好呢？那些得过且过的人，永远没办法成为优秀的员工。无论任务大小，你都要认真完成，别以为给客户送份文件是小事儿，老板一样会从细节中观察你的能力。例如，有没有把文件送错？你去之前有没有确定对方是否在办公室？你和他是如何交接的？你或许会说：“天啊，这其中还有这么多技巧？”确实，没有哪一件工作是简单的，能够把简单的事情做好更不容易，所以说，你没有理由不认真对待所有工作。

当然，坚定的信念也很重要，很多人不成功的原因是他们半途而废了，他们也曾非常努力，但在自己看不到希望的时候，选择了放弃，这样一来，他们什么都得不到。完成一项工作并不容易，如果没有坚定的信念，你可能会放弃之前的所有努力，你觉得值得吗？

第四，责任感。

每个岗位都有自己的职责，完成好它们便是你的责任，在你的“管辖”范围内，得保证工作结果是有效的，不能放过任何细节，总的来说，你要对其中所有事情负责。

老板青睐有责任感的员工，在事情没有完全做好前，你都不能轻易说：“没问题了。”必须时刻观察事情的发展动向，哪怕某个细节没做好，都得重新来过。

责任感不仅是认真对待每项工作，还得对此进行钻研，尽可能将其做到最好，也就是说，你能够对所做的一切负责。

学会自我放松，是保证你在没有心理负担的情况下工作，只有“轻装上阵”才能发挥出更大潜力，当然，你也不能忽视对心理素质的建设，心理越强大，情商越高的人越接近成功。

改变心态，激发内心正能量

是什么让你幸福？心态！是什么决定你的出路？心态！是什么让你改变消极想法，用客观的眼光面对工作？心态！保持良好的心态，是走向成功的关键，一个优秀的职场人，不仅要有工作能力，还得有坚定乐观的态度。

◆ 变被动为主动，一切操之在我手中

比起被动地接受，主动出击可能会让我们获得更多财富，前者容易导致我们背负沉重的心理负担，例如，你本不想去做某件事，但是

在被逼无奈的情况下，你不得不去做，这时候你还会拿出百分百的努力吗？如果你自己很想去做一件事，肯定会提起百倍精神，把全部精力投入其中，可见，“被动”与“主动”存在多么大的区别。

有人说：“不是我不想主动，可实在不喜欢做这件事。”兴趣对一个人来说确实非常重要，但兴趣是可以慢慢培养的，就像恋爱，两个人从陌生到熟悉需要一定过程，谁都不会说自己在看到对方第一眼后便爱得死去活来，工作亦是如此。

不妨先来看一个案例：

今年刚大学毕业的晓美，去了某广告公司任职，这是她从没有接触过的领域，面对陌生的工作，晓美产生了抵触情绪。在客服部工作的她，每天要面对好几十位客户，她不喜欢这样的工作，她觉得自己并不善于沟通。起初的几个月，晓美的业绩考核分数都偏低，于是，主管找她谈话了。

“晓美，不喜欢这份工作吗？”

“是的。不喜欢，我不爱和陌生人打交道。”

“你有没有想过自己每天帮助了很多人？”

看到满脸茫然的晓美，主管接着说：“有些客户需要此方面的服务，但是他并不了解我们公司的业务，所以需要你介绍；有些客户的作品已经在制作了，但是他还可能有其他想法，需要和你商量；有些客户已经拿走了产品，但其中可能有些问题，需要向你反馈……其实，你每天都帮很多客户解决了难题，难道不觉得是一件很开心的事情吗？”

听完这番话，晓美突然有了不一样的感觉，原来自己的工作能为客户“排忧解难”，自己原先把它看得太简单了。

后来，晓美渐渐想通了，既然选择了这份工作，为什么不好好干呢？自己也经过培训了，只要多锻炼，一定会非常出色。

其实，变“被动”为“主动”不过是一念之间的事情，当你看到工作的内在含义，而不单单是养活自己的饭碗，精神便能得到满足。正能量从何而来？从你的内心迸发出来。不妨试着让自己“主动”，只有你愿意做，才会激发内在潜力。

首先，看到工作的真正价值，远不是你工资单上的数字，也不是你的职位牌。正因为很多人的眼光狭隘，所以没有理解工作的真正含义，有人说：“我上班的目的就是为了获取薪水，我对工作本身没有兴趣。”他们会主动做事吗？显然不会，并且我要很遗憾地说：“你们没有品尝到工作带给自己真正的快乐，当你为了一件事情全力以赴的时候，才有可能享受过程，当你顺利解决了困难，成就感才会涌上心头，当你受到老板的表扬、同事的赞美，幸福感就会油然而生。这些可贵的精神财富，会帮助我们积累正能量。”

如果你不主动，是无法体会到其中的快乐的，因为被动的人，就像算盘上的珠子，别人拨一拨，他才会动一动，根本不会用心去感受工作带给我们精神上的愉悦。

你不可能“孤军奋战”，你的工作可能与很多人有联系，如果你做得不好，就会影响他们的判断和操作，反之，你就为整个团队和整件事情付出了努力。晓美的工作就是如此，她帮客户解答了问题，对方也就消除了这方面的顾虑，久而久之，她便帮助了很多人。

其次，培养兴趣，让自己爱上工作。在感兴趣的事物面前，人的潜力才会被激发，如果你很讨厌做某件事，肯定不会为此花力气，所以说，变“被动”为“主动”的最直接办法，就是让自己爱上工作。

在做某件事情前，你可以想象自己“成功后的样子”，积极性便会大增，这也是非常有效的心理暗示，甚至会想着马上去完成。

当有同事和你一起工作，可以在闲暇时间里找对方聊聊天，说点感兴趣的话题，例如，美食、足球、衣服、鞋子等，这是冲淡工作紧张感的好办法。

总之，你对什么感兴趣，就尽量去想，然后告诉自己：等工作完成了，就可以干自己喜欢的事情，所以要抓紧时间。

有一次，我让助手去办点事情，结果看到他满脸不情愿，便说道：“事情办完后，帮我在旁边的烧饼店买点儿肉馅儿烧饼。”他也尝过这家饼，很好吃，我刚说完，助手的脸色就缓和了很多。

即便是你再不喜欢的工作，也可以从中找到喜欢的部分，只在于你是否愿意去找。例如，老板让你去外地出差，这是你很不情愿的，但是同行的人当中，有你非常要好的同事，想到晚上可以同她一起逛街，就会觉得出差并不是那么糟糕的事情。

情绪的转变最终会体现在行动上，从“不喜欢”到“喜欢”，“被动”也就变成了“主动”，你可能在短时间里无法爱上工作，却可以爱上其中的细节，不着急，慢慢来，兴趣本就是慢慢培养出来的。

从“被动”到“主动”的过程，思考方式的变化是第一步，你的心里要先接受这份工作，然后再慢慢发现其中有意思的地方，当你体会到工作的真正价值，并且从中找到兴趣所在，你会发现自己已经开始“主动”地工作了。

◆ 变消极为积极，重建心理平衡

某次课间，我看到学员小李情绪不高，便过去找他聊天：“你怎么了，今天的心情似乎有些不美丽。”对方愁眉苦脸地说：“我刚到新公司上班，就听到了不好的消息。”询问后得知，早上，小李与同事说起了“医疗费”的事情，对方告诉她：“想报销医疗费？简直是在做梦，你斗不过人事部的，财务那帮人也不好惹，他们总会找些理由让你的费用无法报销。”由于对方是位老员工，小李很相信她的话，于是心情就变得低落。

其实，我不愿意看到企业中的老员工将消极态度传递给新员工，正因为他们很了解企业，知道报销医疗费是非常复杂的事情，人事部并不是不想为员工办，而是他们也要走程序，老员工心里不舒服，便没有把客观事实告诉新员工，造成了对方的心理负担。

可见，消极想法的危害性多么大，这种情绪一旦蔓延开来，甚至会影响你的日常工作，想要重塑心理平衡，就要变“消极”为“积极”。

首先，你可以尝试“身体法”，通过有效的身体锻炼，赶走消极情绪。当我们心情沮丧的时候，语言便缺乏力度，走路时耷拉着脑袋，心理控制着身体，从一个人的言行就能看出他的状态。其实，反过来也成立，如果你能够表现出快乐、积极的行为，心情也会跟着好起来。

微笑：曾有人说，喜欢微笑的人，运气都不会太差。确实，微笑是一剂心理良药，能给大家带去好心情，例如，同事微笑着跟你打招呼，你的情绪也会被调动起来。

有学员问："老师，我就是高兴不起来，怎么微笑呢？"教你一个好办法，早晨对着镜子说："嗨，早上好，新的一天又开始了，我很棒，我要加油。"然后给自己一个灿烂的微笑，这种积极的心理暗示，可以帮助你形成良好的心理环境。

抬头挺胸，做深呼吸：如果你总是垂头丧气，好像对全世界宣布，你是失败者，虽然这不是客观事实，别人却会从你的行为中解读出来。不过，从现在开始，你要学着改变，抬起你的头，昂首阔步地走路，自信不仅会带给你好心情，同时会激发你的潜力，这个简单的动作会立刻改变你的心情，如果还是被消极情绪困扰，不妨试着深呼气，心里默念：所有不良情绪都被我抛弃了。

做事速度加快20%：如果你拥有超高的工作效率，任何不良情绪都会"靠边站"，此时的你，已经没时间去悲伤、愤怒和难过，只有在闲暇时间，人们才会去怀念和感伤，你眼前有很多未完成的工作，你要以最快速度搞定它们。

提高音量20%：不要想着做默默无闻的人，老板永远不会发现你的优势，你有权发言，你的声音独一无二，声音也是有力量的。当你大声说出自己的观点，别人会向你投来期待的目光，你便会觉得精神振奋，所以说，提高你的音量，尽情表达自己吧。

正视对方的眼睛：与人说话的时候，你看着他的眼睛，不仅表示尊重，同时让他感觉到你的自信，好像在说：我们的关系是平等的。这种习惯需要练习，多看对方的眼睛，你的胆怯就会"一扫而空"。

其次，你可以去想象一些美好的东西，从而改变消极的想法。回首过去，你经历了喜怒哀乐，面对每天紧张而忙碌的生活，你很难有好心情，想到明天还会有做不完的事情，消极情绪便油然而生。

正因为现实相对“枯燥”，所以要去想象美好的事物，例如，完成工作后，你要如何放松自己？成功后的自己是什么样子？周末如何安排等，这些美好的愿景会留在你心里，从而改变消极的状态，最终影响你的行为。

例如，你与某位同事处不来，你非常讨厌他的坏脾气，想到这里，自己的心情就很不好，为什么不去想点儿有意思的事情呢？假如，有一天他的脾气变好了，也是挺可爱的一个人嘛……

有人说“现实很骨感”，那你为什么不试着令自己的心理丰满起来呢？如果我们可以像孩子一般，保持丰富的想象力，工作也就不那么枯燥了，那时候，你还会是个消极的人吗？

还有，不断向自己提问，看看你究竟想要什么。人之所以消极，是因为得不到想要的东西，有人说：“真无聊，这不是我想要的工作，一点儿劲儿都没有。”那你问过自己“我究竟想要什么”吗？

有了目标，你才会去努力，所以说，当务之急是找到你“喜欢的东西”。你可以多向自己提问：

“这份工作吸引我的地方在哪里？”

“我如何能够提高业绩？”

“老板更青睐什么样的员工？”

“从这份工作中，我积累了什么经验？”

……

渐渐的，你就会找到想要的答案，例如，你希望通过这份工作提升自我价值，就要为此努力，这是从你心里发出来的“愿景”，你主动去做了，消极态度就会变成积极的态度。

想要拥有积极的心态，可以分别锻炼“外在”和“内在”，通过改善行为，刺激心理状态的改变，通过改变思维方式，更加彻底地完善行为，这是相辅相成的工作。当然，人的行为总是受到情绪的控制，保持良好的心态才是维持积极状态的根本方法。

◆ 变悲观为乐观，打造全新的自己

悲观的情绪会让我们感到迷茫，不知道接下来该如何做，也无法集中精力做事，有人把悲观比作一剂毒药，令你精神涣散，甚至找不到生活的意义。

同样一件事，悲观的人只会看到阴暗面，而乐观者则会看到希望和美好，对比这两种人，谁更容易获得成功？显然是后者。

先来看个案例：

某位教授做了一个实验，他分别找到5名乐观主义者和悲观主义者，让他们去观察同一个物体的变化，然后写出感想。

乐观主义者写道：

“蚕蛹在茧中不断挣扎，这是在和命运抗争，相信它很快会成功，飞向更广阔的天空。”

“它的所有努力都是值得的，迎接他的是更美好的明天。”

“蚕蛹非常努力，它会有好的回报。”

“它是幸运的，拥有坚强的性格，它一定会成功。”

“看，它飞出来了，它成功了，胜利是对他最好的回报。”

悲观主义者写道：

“真是要命，被关在这样一个狭小的空间中，还要咬断自己做的茧，真是太可怜了。”

“蚕蛹真倒霉，努力了那么多，最终不过是变成一只丑陋的蛾子。”

“它太悲哀了，不过是想看看外面的世界，就得接受这么痛苦的折磨。”

“自己花心血吐出来的丝，最终给了别人用，而自己却要在历经折磨后，才能看到天空。”

“蚕蛹的一生这么短暂，最终还要接受残酷的折磨，真是太倒霉了。”

可见，不同心态的人对待同一件事情，会产生截然不同的想法。谁的人生都不可能一帆风顺，要经历各种折磨、考验和痛苦，战胜它们的人才能成为真正的赢家，前提是你要改变自己的思维方式，做一个乐观的人。

首先，多想想自己所拥有的，你是否想到过，自己已经很幸福了。很多人觉得：父母什么都没留给自己，别人是衣食无忧的富二代，自己却要靠勤劳的双手；别人有美丽的容貌，可自己就是“路人甲”；别人才华横溢，自己却非常平庸……想到这些，你能不悲观吗？

其实，你拥有很多别人没有的东西，人家也很羡慕你，只是你对此一概不知，你有健全的身体、聪明的头脑、良好的心理素质……这些都是属于你的优势，任何人都抢不走。

工作的时候，有些人可以快速而高效地完成，有些人却需要很长时间，甚至结果并不令老板满意，这不能成为悲观的理由，因为工作能力可以锻炼，你越积极，身体中的潜力越容易被激发，学习效果就越好。

每个人都有不同擅长的方面，例如，小李很有亲和力，并且有良好的沟通能力，这些可能是你所不具备的，但是你很擅长计算机方面的工作，对技术处理过程了如指掌，这不就是你的优势吗？

所以说，多关注自己拥有的，就不会因羡慕他人而“自愧不如”，乐观的人善于发挥自身优势，并且最终把“优势”变成自己的“招牌”。

其次，你要思考一个问题：我为什么要奋斗？你这么努力工作，是为了什么？有人说：“为了妻儿，为了父母，为了养家糊口。”这确实是原因之一，但不是你的最终目的，你之所以奋斗，是为了让自己幸福快乐。

那么，你真的快乐吗？不少人开始摇头：“我觉得自己从来没有体会过快乐。”

那么，影响你情绪的要素有哪些？家庭、事业、发展……让自己不快乐的原因太多了：口袋没钱，出去觉得没面子、人际关系紧张，工作倍感压力、夫妻之间有矛盾，对方不理解自己、没前途，觉得自己碌碌无为……

你只看到了生活中的阴暗面，有多少人会在自己“交好运”的时候感叹：我为什么会那么幸运？

当你顺利完成一项工作，受到老板表扬的时候，是否记录过当时的喜悦？当你和孩子痛快玩耍的时候，有没有体会到幸福？当你的方案在会议上被通过了，心里是否产生过喜悦……乐观的人，会记住这些美好的瞬间，而悲观者只会想到不开心的事情。

追求幸福，是你奋斗的目的，薪水、职位、赞美声、房子、车子，等等，只是表象，真正快乐的人，会沉浸在过程中，享受“沿途的风景”。与其崇拜坐拥万千财富的你，不如去崇拜在工作中不断努力进取的你，后者更令人有安全感。

事物都存在多面性，如果你多看好的一面，心情自然舒畅很多，反之则会增添烦恼。不要觉得自己“一无所有”，其实你拥有很多美好的东西：健康、家庭、经验、关爱……想到这里，是否觉得自己非常幸福呢？我们之所以努力生活，是为了最终能够获得快乐，物质上的满足只是通往精神满足的一个途径，乐观的人能够克服一切阻碍，因为他们有目标：让自己快乐起来！

第五章

意识源自行动力

当你不能左右潜意识时，你还能改变什么？

◎ 当你不能左右潜意识时，你可以试着改变行为

◎ 改变行为之告别拖延症

◎ 改变行为之克服依赖心理

◎ 改变行为之 Hello，微笑！

◎ 改变行为之跳出常规的怪圈

◎ 改变行为之学会感恩

◎ 改变行为之建立良好人际关系

◎ 改变行为之运用正能量，迎接新生

当你不能左右潜意识时，你可以试着改变行为

通常，我们会通过改变内心状态，来修正行为，其实，反之也可以令你拥有良好的效果，潜意识的反映可能会很慢，但是改变行为却能产生“立竿见影”的效果。

◆ 假如我肆无忌惮地“卖萌”，工作时会……

正因为缺乏安全感，很多人不得不用“特殊”方式保护自己，例如，对他人充满敌意，甚至会“攻击”对方……这些可能并不是你的本意，但是为了防止自己受到伤害，所以采取这样的行为。

你是否想过他人的感受？早上，同事满心欢喜地给你送来早餐，你却说：“不好意思，这些不是我爱吃的。”对方一定会瞬间被打入谷底，自己明明是好意，为什么不能博得你的欣赏呢？

由此可见，当你像只刺猬穿梭在同事间的时候，很容易“伤害”他们，这时候，有人说：“我不想伤害同事，我‘卖萌’！”

当下，“卖萌”一词渐渐流行，大家似乎对这种人前装可爱的行为表示认同，“卖萌”确实能起到调节气氛的作用，谁会愿意去“伤害”一个可爱又单纯的人呢？

我们不禁想到，工作中，如果我肆无忌惮地“卖萌”，会是什么样子？

今年刚毕业的晓岚，在一家商贸企业工作，她不但长相甜美，而且非常活泼，所以保持着很好的人缘，大家都戏称她是“萌妹子”。

晓岚喜欢笑，办公室里常听到她开心的笑声，老员工说：“晓岚非常有礼貌，也特别可爱。”由于是新人，她对很多工作还不熟悉，有时候还出现失误，同事们给她很多提示，也乐意帮助她，晓岚总会非常客气地说：“谢谢。”

在你工作的环境里，肯定也有一位类似于晓岚的同事，他们总是受到大家的喜爱，同事们也很愿意帮助他们，你可能会想，如果我也“卖萌”，别人对我的看法会不会有所转变？

适度“卖萌”确实能给你带来人气，但是把握不好“度”也会令人讨厌。那么，你到底要如何“卖萌”，才能达到既定的效果呢？

首先，“卖萌”要分清场合，适当地“卖萌”不仅可以为你增加人气，还能保持内心的纯洁。在合适的情况下“卖萌”是可爱的体现，反之则令人厌恶，有时候“卖萌”和“无知”只有一念之差。例如，领导正在组织员工开会，并且鼓励员工自由发言，你不能说一些“幼稚”的话，否则可爱就会变成可恶；当同事的工作遇到麻烦，你不能袖手旁观，并且问一些很“低级”的问题，否则会显得很“愚蠢”……想要把握好“卖萌”的度，要先了解实际情况，在原则面前，你如何“卖萌”都不行，因为你是团队中的一员。

当然，“卖萌”是缓和紧张气氛的好途径，例如，同事们即将结束一天的工作，你给大伙儿讲个笑话，放松一下疲劳的神经；向同事请教问题，可以故意表现得矜持一些，这也在“卖萌”。

“卖萌”本身是一件令人开心的事情，但是一定要在适合的情况下，否则当可爱变成可恶，“卖萌”也会令人生厌。

其次，“卖萌”永远是附属条件，不能把任何希望都寄托在此。应该由你完成的工作，不能因为自己会“卖萌”而幻想由他人完成，这只是令你获得更好人缘的途径，但不是“撒手锏”，如果你没有较强的工作能力和良好的心理素质，再“卖萌”别人也不会喜欢你，所以说，这不是你寄托所有希望的地方。

生活不是偶像剧，别想着“白马王子”会在你遇到困难的时候降临，一切都还得靠自己，“卖萌”不过是一种手段，让自己看起来不具备“攻击性”，谁都愿意和好脾气的人交往。

还有，“卖萌”是具体行为，控制行为的是意志，你的心理“不可爱”，行为也不会真正可爱。不妨尝试用美好的眼光看待工作，发现事物的美，心情也会愉悦很多。

当某个人心情很好，无论他的语气还是行为，都会体现出好心情，表现出来的可能是温柔、体贴，甚至会“卖萌”似的开玩笑，反之，他肯定没心思“卖萌”啦。

工作虽然很枯燥，但是我们也可以“苦中作乐”，“卖萌”会令我们以更好的状态面对任务。当然，“卖萌”就像调味品，会令饭菜更香，却不能依赖于此，做法靠的是技术，工作靠的是能力，只不过，“卖萌”会让我们产生更多积极因素，帮助我们在工作中更好地发挥能力。

◆ 假如我让受伤的心在书香中慢慢痊愈，工作时会……

“伤不起”，成为当下很多人的口头禅，我们的心灵很脆弱，可能随时会受伤，如果让自己在书香中慢慢痊愈，会产生什么样的结果呢？

学员经常向我倒苦水，看到他们一筹莫展的样子，我不但会进行开导，还推荐了一些好书给他们看，很多人的反应是：这些书解释了很多让我疑惑的问题。

我一直认为，书是净化我们心灵的好工具，有疑惑，可以在书上找到答案；遇到烦心事，不妨翻翻书，让自己安静下来；心灵受伤了，也可以通过看书"疗伤"……格言说："书是人类进步的阶梯。"这里的进步不仅说的是思想，还包括了我们的心理。

可是，读书也是一门学问，你要读什么样的书？如何读书？读多少书？这些问题，可能很多人都没想过，一天只有24小时，除了上班、吃饭、睡觉、聚会，你几乎没有多少时间读书，由此看来，如何读书真的太值得思考了，说到这里，我倒是可以给你一些建议：

首先，应该把读书看成每天的"必修课"，做一个勤读书的人，把它当成习惯。有人说："我有读书的习惯。"有些人爱好读书，虽然读书并不能让你的工作马上有起色，却会在潜移默化间，提高你的素质和文化内涵。

勤读书的人，不仅能了解很多知识，还可以提升思维水平，如果把这些运用到实际工作中，效率就会提高很多，对结果也有很大帮助。例如，你所在的小组需要开发新产品，如果你曾在书上看过类似零件，工作就会得心应手很多。当思维方式发生转变，你看待问题的角度就会不同，思维越缜密的人，工作越不容易出现漏洞。有时候，原先的方法走不通，需要你用另一种方式，如果你甚少读书，对此毫无概念，工作肯定没办法顺利完成。

所以说，要做个勤读书的人，时间长了，就变成了你“改不掉”的习惯，不要妄想读一本、两本书能够帮助你解决实际问题，这是长期积累的过程，你懂得越多，工作起来就越轻松。

其次,要有选择地读书,不要将太多时间浪费在“没用”的资料上。时间非常宝贵，而书中却有大千世界，只是我们无法面面俱到，所以读书要有选择性。第一，专业书是必须要看的，这类书比较有针对性，工作中遇到的问题往往可以直接在书中找到答案。例如，接下来的工作中，你需要策划一次活动，其中有很多细节你不是很了解，书本可能会给你提供答案。又比如说,你是一名会计,如何分类“收入”和“费用”项目，书上也有明确的解释。第二，心理疏导方面的书，能够帮助你营造良好的心理环境。工作中，你会遇到形形色色的人，对方的语言和行为有可能给你造成不解，或是“伤害”了你，这时候，心理方面的书籍就会像一股清泉，抚慰和滋润你的心灵。当烦恼离你远去，心情也就轻松了很多，这时候，你就可以凭借良好的心理状态面对工作。

此外，有些人将书籍看成“神器”，认为多读书就一定可以成功，实则不然。虽然你也在看书,但是可能没有“看进去”,走马观花地读书，只是一种消遣方式，而不是真正的学习，读书的时候要思考：对日常工作有什么帮助？这段话表达了什么含义？你只有学进去了，书上的东西才会变成你的。

当然，我们也不可能记住书上的每一个字，但你却可以领会其中的“精神”。读书的最高境界，是让你有更广阔的视野和更先进的思考方式，这样，你对待工作的态度肯定会不一样。

◆ 假如我与心灵展开一次对话，工作时会……

我曾问学员：“你们和自己的心灵说过话吗？”如今，我们都太忙了，忙到没时间听听自己的心声，假如让你与心灵展开一次对话，你会说什么？你希望它说什么？

你有没有问过自己：现在的生活，是自己想要的吗？对于工作，自己还有进步的空间吗？我需要如何做，才能更加幸福快乐？

所有的问题，它都会给你答案，正因为太忙碌，我们往往会忽视内心的想法，因而变得麻木。如果你愿意同心灵展开对话，可能就会有豁然开朗的感觉。

之所以感到疲劳，是因为我们的行为违背了“心声”。当你看到同事遭遇困难，心里非常想帮助他，却迟迟没有行动；当老板否定你的观点，你很想辩解，并且大声诉说自己的观点，却由于胆怯而没有做出任何行动；你很想干一番“事业”，却因为懒惰一直没有实现……你所做的，与心里想的完全不一样，长久下去，你会开心吗？

与心灵展开对话，就是要明确地了解心中所想，并“纠正”目前的做法，让意志可以完全控制你的行为，就像很多人所说：“我很快乐，因为我想做什么，就做什么。”虽然这句话表达得有些不全面，但是能反映出一种现象：按照“心声”做事，心情便会好起来。

那么，你该如何完成与心灵的对话？在这之后，工作上会发生什么改变呢？

首先，选择一个恰当的时间，在自己情绪平稳的时候展开对话，这样有利于你了解真实的内心。我对学员说:“这是一次神圣的心灵之旅，所以要格外真诚，还应当做好准备，如果你的情绪不稳定，如何进行一场有意义的对话呢?”可以选择任何一段休息时间，然后听听自己的“心声”，如果你觉得比较累，或是情绪不太好，就不要进行，以免影响你的判断。

例如，你可以选择在周末的晚上，经过两天的休息，疲劳感一扫而空，此时比较适合做此类工作。

其次，既然是对话，也就是提问和解答的过程，请珍惜这次机会，对话中不要放过任何细节。你的困惑可能很多,不着急,一点点地解答。这种与心灵的对话，是很难得的机会，一定要好好把握，将所有想说的话统统讲出来。

和自己还有什么好藏着掖着的呢?如果你不喜欢目前的工作，可以放心大胆地说出来，“心”会告诉你应该怎么做。实际上，你早知道自己的喜恶，但出于各种原因，你一直无法正视，所以更要利用好这次机会，把想说的都说出来。

你的想法可能非常大胆，例如，“我想辞职”，“我恨不得明天就和老板说我的方案”，“我想申请去外地”……但是，形成这些想法总是有原因的，接下来，更重要的事情出现了:你应该怎么做?

与心灵对话后，你可能会尝试改变，甚至这样的改变需要很大动作，这时候，你必须保持冷静，仔细思考自己的想法是否真的能成为现实。例如，你很想申请调去外地分公司，因为你觉得那边的环境更适合你，这只是你想去的理由，是否存在牵绊你的因素呢?如果有，不妨将其一一列出来，再对比这样做的优势和劣势，如果前者大于后者，你完全可以执行。

进行心灵对话的目的，就是试图寻求改变，然而，即使现状令你不满，也不能因此否定所有事实，颠覆性的改变意味着重新开始，你还得问自己：我是否能接受？

当然，听过了心声，工作肯定会发生改变，而且多半是积极的。有些人不满足自己目前的状态，他们要决定奋斗，因此改变了很多坏习惯；有些人觉得这份工作不适合自己，于是找了一份喜欢的差事……实际上，这样的改变多半是往好的方向，扫除内心障碍，你便可以“轻装上阵”，以更好的心态面对工作。

有些人喜欢逃避，不愿意听到内心的声音，因为他们已经习惯了当前的生活，我不禁要问：你是在为自己而活吗？如果是，为什么连自己想要什么都不敢去了解呢？与心灵进行一次对话，你会感到无比舒畅，因为你终于听到了“心声”，至于是否要改变，如何改，还得慢慢来，哪怕你很想做某件事，也要在客观条件允许的情况下，否则做想做的事也无法令你感觉快乐。

◆ 用身体改变头脑的十大方法

当我在黑板上写下这个标题的时候，不少学员觉得不解：“老师，您不是一直说意识控制行动吗？为什么反过来也成立呢？”

我没有解释，而是指导学员做了一些小实验。

我对他们说：“请大家站起来，然后相互按摩对方的头部、肩膀、手臂，可以稍微用力些，让对方有明显的感觉，然后你们自己再转转脑袋，伸伸懒腰，看情绪有什么变化。”

五分钟后，学员们基本上完成了动作，有人说：“我觉得身体很轻松，心情也好很多。”还有人说：“之前情绪还挺低落的，现在突然好了。”

我告诉学员，这便是通过身体改变情绪的有效方法。

甚至不用教，很多人潜意识里都知道该如何进行自我放松，例如，当你工作了一段时间后，会做一些简单的头部操，或是去休息室喝点饮料，也可以去窗前站一会儿。这些都是放松身心的好办法，想要了解更多，不妨借鉴我的经验：

行动力：拉我——推你。

选择某个物体，然后将它推向远处，同时要表现出你对它的喜欢，等到它越来越远，你会发现自己越来越不喜欢它。几分钟后，再做相反动作，同时表现得像你很喜欢它一样，渐渐的，你好像真的很喜欢眼前的物体。

如果将其运用到工作中，可以把自己不喜欢的工作慢慢拉近，这时候，内心会发生变化，当抵触情绪慢慢减少，你就可以开始工作啦。

节食：使用非惯用手吃饭。

如果你尝试用另一只手吃饭，就会感觉自己正在做一个非同寻常的行为，这时候，你会更加在意吃饭的动作，眼中不会只想着饭菜，导致饭量减少。

工作的时候，如果你刻意做了很不寻常的举动，你就会把更多注意力放在那个动作上，之外的事情则很少想起。

意志力：绷紧身体。

当情绪高涨的时候，我们通常会绷紧身体，不仅表示自己很在意，而且这是增加意志力的好办法，工作途中，如果你想半途而废了，不妨试试这个办法，可能会非常有用。

毅力：坐直了，交叉手臂。

某位导师做过一个实验：先把对象分成两组，然后让他们回答难题，并且让其中一组成员先坐直，接着交叉双臂，结果显示，这组成员坚持的时间更长。所以说，当你遇到难题的时候，也可以这么干，目的是为了让自己坚持下去。

自信心：有力的动作。

做强而有力的动作，可以帮助你增强自信心和自尊心，如果你正坐着，不妨后倚、眼睛看向高处并且将双手交叠放在后脑勺的位置；如果你正站着，可以将双脚放平于地上，然后抬头挺胸，双臂放在面前的桌子上。

拖延症：找一个起点。

很多人都有拖延症，怎么办？可以先表现得好像对某件事情特别感兴趣，当然，它应当是你之前一直逃避的，接着找时间开始做，慢慢地，你就会对它产生“感情”。

其实，克服拖延症的最好办法，就是为自己找契机，并且马上着手做，对于工作来说，这个方法相当有效。

创造力：打破惯用思维。

很多人都在为“新点子”发愁，如果你愿意用新的方式行动起来，就有助于你产生创新思维，可以尝试着走弯路，并且确保你的路线尽可能曲折，假如这样还无法令你思如泉涌，就去做一些能表现自己艺术气质的东西，例如，绘画、雕刻、听音乐等。

劝导：让对方点头。

研究表明，如果人们在听取讨论时点头，他们可能非常同意这个观点，为了鼓励别人认同你的观点，不妨一边说一边点头，当他们开始模仿你的动作，说明他们已经被你的想法吸引了。

谈判：热茶和柔软的沙发。

当人们觉得自己与他人产生联系后，会感到浑身发热，同样，递上一杯热茶，令对方暖和起来，会使得他们更加友好。在某个实验中，导师让参与者分别坐在沙发和椅子上，然后开始讨论话题，坐在柔软沙发上的人，发挥得更好。

负罪感：洗掉你的罪孽。

如果某件事情让你产生了负罪感，不妨洗洗手或是去冲个澡，会令你的负罪感小一些。

这便是身体影响头脑的十大方法，虽然我们更倡导通过内心改变外在，但是这种做法的成效似乎比较慢，运用相反的方法，可以令你在几分钟内看出效果。例如，你被工作弄得焦头烂额，想要放弃的时候，不妨坐直身体，然后交叉双臂，从而增加你的毅力，几分钟后，继续工作。

改变行为之告别拖延症

告别拖延症是长期积累的效果，但你可以通过某些行之有效的方法去克服它，不妨结合认知、情绪和思维方式，了解自己的内心处境，从而唤醒心中的巨人，早日和拖延症说“拜拜”。

◆ 做“实干家”而不是“评论家”

想要出色完成工作，就要多干活，少说话，即使你说的“天花乱坠”也没用，老板需要的是结果。所以说，与其做个“评论家”，不如当个“实干家”，事实证明，后者比较靠谱。

很多人喜欢说，是因为动动嘴皮子比较轻松，干实事需要花力气，久而久之，便形成了拖延症，一项工作放在眼前，非要等到火烧眉毛才去做，结果能好吗？

我曾收到学员的邮件：老师，我有严重的拖延症，如果老板周一说，你去完成它，在周五之前给我，我铁定会在周四才开始做，我和自己说了无数次要改，可就是不管用。

我是这样回复他的：你可以先把工作按照“轻重缓急”进行分类，然后排列出顺序，逼迫自己按照顺序来。每当你依照计划完成了一项工作，就给自己弄点儿小奖励，时间长了，便会形成习惯。

很多人在当“评论家”的时候滔滔不绝，等到需要实干时却蔫了，如果把你说的那套理论运用在实践中，或许真的能产生效果，为什么不试试呢？其实，“评论家”与“实干家”完全可以结合起来，只要你能顺利转换这两个角色，就可以和拖延症说“拜拜”。

首先，“评论家”要说到“点子”上，评论要对“实干”有贡献。我曾对学员说：“我并不反对你们成为‘评论家’，因为评论也会利于工作。”当你在说某项工作，会涉及如何完成它，这时候，不妨尽量想得周全些，能够想到越多细节，计划就越完善，一番评论下来，具体计划也就定了，人们都会欣赏思路清晰时的自己，此时，你不仅信心大增，而且对工作也充满渴望，难道还不抓紧时间行动吗？

其次，“实干家”也要经常“评论”之前的工作，看看是否存在可以改进的地方。每当完成一个阶段的工作，你都要对之前的结果进行分析，这是寻求进步的好机会，这时候，你便可以尽情“评论”了。例如，你策划了某个活动方案，进行到一半的时候，看看之前的工作是否存在不合理的地方，或是重新把有效经验提炼出来，再进行“加工”，运用到后面的工作里。

你可以直接说：“关于人员安排，还存在不合理的地方，哪里需要改进？A区应当配备更多人，B区可以减少一些……”越是合理的评论，越能为之后的工作打下基础。

实际上，“评论家”和“实干家”各有优势，前者注重理论分析，后者善于处理实际问题，优秀的人会将它们结合起来。对于有拖延症的人来说，为什么只做“评论家”，而不去通过实践来证明想法的正确性呢？如果你既能“评论”，也可以“实干”，拖延症就会“敬而远之”，同时，你的想法与实践也可以相互验证，形成优秀的结果。

◆ 努力克服便是出路

所有“拖延症”患者都很了解自己的“病情”，一方面，他们非常懊恼和痛苦，另一方面，又无法改正坏习惯，很多人不禁会问：我的出路在哪里？

其实，他们也擅长发誓，每当自己疯狂赶工的时候，总是说：下次，我一定要改掉边做边玩儿的臭毛病！结果呢，接到下一个任务的时候，一样是等到火烧眉毛才做。

我的朋友小王，就有非常严重的拖延症。

早晨，他会先为自己泡杯咖啡，然后坐到电脑前，开始刷人人网、微博、论坛……起初，他会说："喝完这杯就开始工作。"结果呢，两个小时后，他还在论坛上发帖。

一眨眼便到了中午，有些同事看到工作还没完成，便放弃了休息，继续埋头做事，而小王想：现在应该是休息时间啊，等到上班再做吧。于是，他拿出电子书，找了个没人的角落，独自欣赏。

该上班了，小王才恋恋不舍地回到座位上，虽然知道活儿干不完得加班，可他还是一边听着音乐，一边做事，时不时还去找同事聊天。

结果呢？人家都早早下班了，小王还在工作。

看到这个案例，很多人笑了，这分明就是自己呀。拖延症不但会令我们的工作效率低下，同时也影响了心情，甚至很多人因此产生了自卑感。那么，到底要如何做，才能克服拖延症呢？

首先，你要找到形成拖延症的原因，然后"对症下药"。既然是"病"，咱就得"治疗"，可是你总要先找到病因才行。同样是感冒，可能由很多原因构成，如果啥也不问就瞎治，反而不好。

有些人将目标定的过高，等到真正开始做，会觉得无从下手，徘徊间，时间就耽误了；有些人做事很难集中精神，总是一心两用，工作效率自然不高；有些人是完美主义者，总喜欢将已经完成的工作翻来覆去地修改，这也是导致拖延症的原因；有些人过于在意暂时的情绪，他们甚至说："等我心情好了再干活。"

既然找到了“病因”，下一步就要想解决办法，例如，调整之前的计划，让其更具备可行性；锻炼自己集中精力，规定在同样的时间里，只可以做一件事；正视不完美的结果，改正斤斤计较的毛病；随时开始做事，把情绪丢在一边。

找到原因才能改善现状，当你的解决办法有效，拖延症才会远离你，很多人明知道自己有拖延症，却因为急于“治疗”而错失找寻“病因”的机会，从结果上看，并不尽如人意。

其次，既然明确知道自己有拖延症，又找到了原因，不妨抓紧改正它吧，下面是一些非常有效的经验，供大家参考：

第一，应付你的压力。

拖延症是形成压力的重要原因，你可以通过合理的减压方式，缓解此方面的不适感。比如，保持充足的睡眠、坚持锻炼、有足够时间放松自己、当你遇到困难时可以寻求别人的帮助等，当压力减小时，有助于你改掉拖延症。

第二，安排好每天的工作。

“日程安排表”可以帮助你有效地规划当天工作。研究表明，缺乏计划的人更容易形成拖延症，因为你很容易忘记自己要做什么，计划表可以让你对自己的行为负责，减少迷茫感的产生。此外，当你看到一整天都被工作塞满，身体和头脑就会对拖延症产生“抗体”，当然，也不要忘记在日程表中给自己留一些放松项目，例如，散步、听音乐、看电影等。

第三，将任务分解开。

当你面对一份“巨大”的工作时，心里难免会打“退堂鼓”，不妨将“大任务”分解，就像老话说的：饭要一口口地吃，路要一步步地走。这不仅是减轻你心理负担的好方法，也是对结果的保证。例如，你准备策划一次活动，不妨将其分为若干模块，每天完成一些，两周后，看似非常庞大的“工程”就被你做好了。

第四，善于休息。

人的精力就像弹簧，如果一直绷得很紧，就会感觉精疲力竭，在克服拖延症的过程中，你不能忽视休息的重要性，必须安排好休息时间，不妨在每次完成一个小任务后，将“休息”当成对自己的奖励，同时注意休息时间不能过长，否则会起到相反的作用。

第五，马上行动。

假如是一些小事，请时刻谨记“马上行动”的要旨，否则当它们堆积起来，会给你造成很大压力。例如，你发现抽屉有些乱，请马上整理，否则会越来越乱，直到最后，你会无法在短时间里找到想要的东西。

第六，给自己一个最终期限。

当工作摆在面前，请不要搁置它，而是给自己一个明确的完成期限。如果你一开始就在浪费时间，那么后面的日子就不好过了。

第七，让别人帮助你。

单独面对困境会显得无助，不妨找个人帮助你，这也是克服拖延症的好办法。如果你的朋友也有类似情况，你们可以互相监督，当有人盯着你完成工作的时候，拖延症多半会被“消灭”。

作为一种心理障碍，拖延症会令你看上去懒洋洋的，而改变这个状态的最好办法就是行动，前提是，要有切实可行的“纲领”。这个计划中，你不仅要安排工作项目，还不能忽视自我放松，劳逸结合能够帮助你更顺利地获取成果。

如果你有拖延症，不要沮丧，因为克服它有很多办法，长期被拖延症折磨的人，心理负担都比较重，不妨先让自己放松下来，然后再去找解决问题的途径。值得一提的是，如果你身边也有患拖延症的人，让他们和你一起克服，因为拖延症可是会“传染”的。

◆ 拖延症表现：心理厌倦导致行为排斥

拖延症患者特别痛苦，正因为不喜欢眼前的工作，所以才迟迟不行动，由此可见，其表现就是：心理厌倦导致行为排斥。有人说：“我只想做喜欢的事情。”实际上，谁都一样，但现实不允许我们很任性地只完成喜欢的工作，该怎么办呢？

先来看一个案例：

张明是H公司销售部职员，经理规定：每个月月底，下属要向他汇报当月工作完成情况。而张明偏偏很害怕经理，甚至在他面前讲话都会结巴，所以，他每个月都是最后一个走进领导办公室的人。由于汇报不流畅，人也显得很没精神，他被经理批评了好几次，对方越说，他越郁闷。

这就是典型的拖延症，由于惧怕老板而排斥某项工作，到头来还是得完成，结果可想而知。那么，你要如何做，才能改善这个现象呢？可以借鉴我的想法：

首先，喜欢与否来自主观世界，你完全有能力让自己“爱”上工作。如果现在让你说自己很喜欢的事情，恐怕都要想半天，因为它们对你来说，还没有到“爱不释手”的地步，正因为如此，你完全可以通过积极的心理暗示，喜欢上原本很讨厌的事情。例如，你很讨厌去拜访某位客户，如果将其想象成和蔼的人，心理负担也就减轻了很多。工作的时候，当你表现得很不情愿，不妨不断暗示自己：这是我喜欢的，我一定能做好它。反复多次后，你会发现自己好像不怎么讨厌它了，这便是理想的效果。

其次，通过寻找令自己感兴趣的事情，缓解心中的不适感，从而改变自己对事物的看法。任何痛苦的事情里，都能找到让自己欣慰的细节。例如，老板让你去北方出差，虽然你一百个不情愿，但此时正值夏天，北方的气候比较凉爽，就冲这个，也不能将其看成“苦差事”。

喜欢的事情通常会隐藏得很深，你不去挖掘就无法发现，细心地寻找才能看出端倪。别人无法帮你更正拖延的毛病，他们发现的“好事儿”未必是你感兴趣的，所以说，要自己去寻找。

很多人之所以快乐，是因为他们可以将其无限量“放大”，领导让你做一百件事情，哪怕只在其中找到一件令自己开心的工作也好，接下来就是把星星点点的“快乐”放大，当你被幸福包围，也就不会再厌恶其他事情了。

当然，控制行为的重要力量是意志，你的内心愿景可以改变具体行动，想象和假设只能“解燃眉之急”，却不是长久之计，想要让自己真正爱上这份工作，就要去体会成功后的喜悦。这样说来，你可以先用“应急”的方法，令自己在不讨厌的情况下工作，等到慢慢进入状态后，再培养兴趣，当一份满意的结果放在面前，你的拖延症也就好了大半。

◆ 该授权时就放手

我常听到这样的抱怨：“太累了，我忙得没时间睡觉。”从管理者的角度看，他们当然希望团队工作一帆风顺，可是出于种种原因，下属的表现总是不能令自己满意，所以不得不亲力亲为。要处理的事情多了，整个人就会沉浸在紧张的状态里，做A的时候，心里想着B，等到它们都完成了，还要去做C，在你感叹“啥时候到头”的瞬间，便为拖延症提供了“温床”。

是时候放手了，你的角色定位是管理者，你有属于自己的岗位职责，如果你“顺便”做了很多本属于员工的任务，你用什么时间休息和调整状态呢？每个人的精力有限，如果得不到休息，长时间面对堆积如山的工作，身心就会感觉疲乏，越不想做，拖延症就越严重。

你需要改变，尝试授权于下属，让自己有更多时间进行团队建设。

首先，明白自己要做什么，哪些工作属于员工，合理的工作分配，是良好团队建设的前提，也是你克服拖延症的重要基础。处于企业管理层的你，需要做些什么？你要选择优秀的人才，然后将他们分配到合适的岗位上，有助于他们发挥自身优势，从而完成工作。可见，你的工作重点是选拔、管理、决策和监督，至于具体工作，那是下属的事情。

你本来要做五件事，可以合理安排时间，但现在要做八件事，肯定得占用你的休息时间，身心得不到放松，就无法持久工作，既然员工是你选拔的，还信不过自己吗？把属于他们的工作都丢给对方，你便能腾出时间休息、思考和决策。

这样，你只需要做那五件事，时间完全可以安排过来，心理负担也就减轻了，拖延症也会随之得到改善。

其次，分配工作应当是“第一要务”，不能等到你撑不住的时候才去做。有些人担心下属干不好，索性自己“一锅端”，等到干不下去的时候，又想到找他们过来，不觉得有些晚吗？在老板下达任务后，你就要考虑如何分配的事情，这样就有充足的时间去思考，谁更适合什么样的任务，待一切安排妥当，还要进行进度分析、建立监督体系等。这样想来，分配任务是完成其他工作的基础，不应该放在首位吗？

之所以有拖延症，是因为厌恶一系列工作中的个别任务，很少有人会讨厌“整体”，如果将这些障碍清除，工作阻力就会减少，有助于缓解拖延症。为了防止出现拖延，我建议学员先完成整个工作的第一步和最重要的部分，把这两个“大头”解决掉，剩下的工作量就少了很多。

放手，是让不属于自己的工作重新回归到“主人”身边，你的工作量小了，就有时间去休息和思考，前者令你有更充沛的精力开始工作，后者让你有更清晰的思维管理团队，有了它们做保障，拖延的毛病就能被克服掉。

改变行为之克服依赖心理

不自信的人才会产生依赖心理，不妨多给自己一些积极的心理暗示，并且多想想之前的成功经历，你并不差，只是需要一个证明自己的“理由”。

◆ 现在开始脱离企业“襁褓”

很多人存在依赖心理，把自己搞不定的事情统统推给领导，他们认为：我没办法解决，老板能力强，就交给他们吧。长此以往，你便不会再独立思考，每天只是做着重复劳动，无论你是否独立，都不会影响薪水，谁还愿意脱离企业的“襁褓”呢？

但是，你不可能在这里打一辈子工，现在的老板能够让你依靠，可是你不能保证下一个老板也是，更何况你不想一辈子都处于企业基层吧？有主见的人更容易成为领导者，而习惯依赖的人，很难取得进步。

一次会议中，我认识了在Y企业担任销售经理的王小姐，还不到30岁的她看起来很干练，通过交流，我发现她的业务能力很强，并且时刻保持清晰的思维。王小姐说：“我从小就很独立，参加工作后，依然保留这个优势，虽然我可以很快融入团队，并且配合同事工作，但是需要我独立思考的时候，自己也绝不含糊，如果动不动就去找别人帮忙，过往的工作不能给你留下任何经验，对职业发展很不好。”

团队中，老板的职责是管理和决策，需要员工执行，虽然任务到达员工手中的时候，已经被安排妥当，但是仍有思考空间，这是锻炼思维的好机会。假如过度依赖企业，而把自己当成算盘珠子，别人不拨，你就不动，这样你随时有被取代的风险。那么，你要如何做，才能缓解这样的情况呢？

首先，把企业和自己看成独立的个体。你刚来企业的时候，要经过一段适应期，并且企业会安排你参加入职培训，这时候的你，就像躺在“襁褓”中，有人带领你工作，出现失误也有人提醒你。

等到“出师”后，你便要开始独自处理工作，没有谁再把你看成新人。不要觉得内心很失落，老板雇用你的目的，就是为他干活，对方不可能一直把你当新人看待，允许你求助和犯错。虽然你和企业有密不可分的关系，可是在处理具体工作时，你们却是相对独立的，企业只给你提供硬件，想要顺利完成工作，还要发挥你的才能。

其次，“襁褓”虽然很温暖，但也会束缚你的思想。很多人陷入这样的矛盾：一方面希望企业给予自己更多提示和帮助，另一方面又觉得企业束缚了自己的思想。对于企业来说，既然给予员工帮助，他们就得听我的，要不然怎么帮他呢？

如果你舍不得温暖的“襁褓”，思想便永远无法自由飞翔，不妨狠下心来，就是要自己独立面对，时间久了，你的主见也形成了。

“襁褓”给予你的温暖确实令人不舍，但是通过自己努力获得成功的喜悦，却是再多财富也无法换来的，相比于前者，后者一定更吸引你。

◆ 企业是大家庭，亦需独立生活

如今，我们都非常重视团队合作，也通过这样的方式获得了很大成功。同时，另一个问题逐渐浮出水面：既然将企业看成大家庭，还需要保持独立生活吗？

答案是肯定的。

就像普通人家，成员相互关心，彼此照顾，但是每个人都有相对独立的生活圈子，你不能什么事情都依赖别人。工作亦是如此，所有岗位都规定了相应职责，假如你是销售员，必须完成职责内工作，其他人都无法替代你。所谓团队合作，是在不耽误彼此工作进程的前提下，通过合作的方式，更出色地完成既定任务。良好的合作，需要成员的工作能力和态度作为保证，也就是说，参与合作的人都有要处理的事情，当每个人完成了属于自己的那部分工作，再把成果结合起来，这样合作才算得上完美。

我的朋友高天在一家大型企业任职，身为部门主管的他，带领着5名成员。他说："我们是一个团队，应当时刻把团队利益放在首位，如何做到这一点呢？你们必须先完成好自己的工作，当然，这个过程中也需要和其他人协调，但是不能过于依赖别人，否则还是会影响整体成果。"

高天要求下属在协调问题的时候，将团队利益放在首位，并且保持中立，谁都不能把利益往自己这边倾，也不能把"希望"都寄托在对方身上，建设团队需要每个人的努力。

其实，在“大家庭”中，每个人都担负着一定责任，别人没有义务替你背，所以只好由你扛起来，所有人都得面对忙碌的工作，还要顶着压力，更何况，别人不了解你的工作性质和内容，过于依赖他人可能会导致结果出现偏差。如何克服依赖心理，让自己更好地参与团队工作呢？

首先，团队建设要靠所有人，既然你是其中一员，就必须为此付出努力，团队越强大，你的平台越稳固。老板会将工作分配给下属，如果每个人都能“坚守岗位”并且出色完成任务，企业的整体素质就会得到提升，当然，这也少不了你的功劳，因为你也为“家庭”做出了贡献。反之，如果大家都过于依赖企业，问题谁去处理？员工与企业的关系，应当是相互“依赖”，员工推动企业渐渐强大，企业为员工提供平台，企业的规模越小，越无法“保护”员工。

你是“大家庭”中的一员，可以享受企业带给你的福利，同时要为企业做出贡献，这对每个人都是平等的，如果你只享受不付出，其他人就会产生怨言，导致你的人际关系变差。

其次，过于依赖企业，不利于你的职业发展。长期处在他人的庇护下，你不可能获得真正的成长。有一则耳熟能详的故事：两棵小树，分别长在大树下和露天中，前者常年受到大树的保护，没有经历过风吹雨淋；后者不断接受大自然的考验，若干年后，前者还是原来的模样，而后者已经成长为一棵参天大树。

可见，历练对每个人来说都非常重要，当你独自面对工作，可能会遇到很多困难，是选择迎难而上，还是求救于他人，决定了你能否从中获得经验。企业只能庇护你一段时间，如果这个企业不存在了，或是你跳槽去了其他公司，还是得靠自己。

很多人是有职业愿景的，他们希望自己在今后的几年内，走向更高的位置，想要有质的飞跃，必须经过长期积累。否则工作能力如何提高？经验从何而来？如果你不单独面对工作，总是依赖企业，经验不会自己跑到你心里。

很少有人会在某个企业干一辈子，你可能随时要做好跳槽的准备，一旦出现更好的机会，你就要牢牢把握住，老话说：机会总是留给有准备的人。如果你总是依赖企业，没有将自己培养得更加优秀，机遇怎么会来到你身边呢？企业是个“大家庭”，它为成员提供了非常难得的成长机会，福利可以满足员工的物质需求、平台能够满足员工的精神需求，而困难和障碍却可以锻炼员工的素质，如果你在挫折面前退缩了，甚至跑到别人背后“躲起来”，说明你放弃了一次很好的成长机会。

◆ 依赖症与惰性心理

如今，出现了不少奇怪的现象，例如，很多人每天都得上网，不然就会觉得不舒服；有些人必须通过吃东西的方式减压等。如果你也出现了某种强制性渴求，多半是患上了“依赖症”。

同时，惰性心理也困扰着很多人，有人说：“事情都堆在那儿呢，就是不想做。”不论多晚，这些活儿还不都是你的，老话说：万事开头难，如果你狠下心来做事，渐渐地就会感觉顺手了。

依赖症和惰性好似一对“难兄难弟”，会同时出现在某个人身上，想要克服它们，还要花一番功夫。

首先，尝试独立面对工作，并且合理规划自己的工作和生活。有些人在困难面前会表现得很无助，想找一个“靠山”，如果找不到，就会没有安全感，导致工作没有信心而使结果的质量下降。团队中的每个人都有属于自己的任务，其他人无暇顾及你，你必须独立面对工作，一旦遇到障碍，首先不能想着去找谁帮忙，而是思考处理办法。

还有，你要规划好每天要做的事情，不管是否有人监督你，都要依照计划做事。例如，你今天要完成A、B两件事，如果在A上花了太多时间，肯定会耽误工作B，与其到处找人帮忙，不如自己动手，规划好工作程序，说不定在很短的时间里就能找到答案。

其次，同懒惰斗争是个长期而艰巨的工作，不妨从小处着手，一点点改变自己。当你尝试保持微笑，身边的人都会觉得你很亲近，他们才愿意同你交往，这是一个好的开始，有助于你保持乐观的心态，别动不动就生气，生气是无能的表现。不要担心问题的出现，足够冷静的你，一定可以找到解决办法，如果实在想不出，再同其他人商量，直到解答出来为止。

结果固然重要，但是享受过程也非常不错，为什么不更加努力，尝试肯定自己呢？工作的时候就全身心投入，争取做到最好，这时候，别太在意结果，而是想好如何具体操作，你可能会遇到障碍，别紧张，因为你有很多解决途径。

面对一项“巨大”的工作，很多人会心生胆怯，犹豫着不敢动手，不妨先做好工作计划，从难度较小的事情做起，或是选择先做你感兴趣的事情，这样不仅能得到满意的结果，也会令自己心情愉悦。

我不得不说，克服惰性并不容易，正如克服任何一种坏毛病一样，你必须下决心改正，不过，在漫长的工作时间里，你可以尝试很多种纠正办法，并且要期待美好的结果。

改变行为之Hello，微笑！

微笑是世界上最美好的“语言”，微笑传递给对方积极的信息，微笑是好心情的外在表现，不妨多微笑，把自己最美丽的一面展现在别人眼前。

◆ 点燃幸福感的圣火

“你幸福吗？”已经成为当下的流行语，正因为很多人都在为幸福指数过低而苦恼，所以急于揭晓答案。同过去相比，我们的生活质量提高了很多，可幸福感却越来越轻，似乎没有和物质条件的增长成正比，一些调查结果也揭示了该方面问题。

从1990年起，美国密歇根大学就以问卷的形式，对中国大陆居民的幸福感进行了跟踪调查。结果显示，中国人的幸福感呈下降趋势，如今的国民远没有20年前快乐了，而在这经济飞速发展的20年里，人们的收入竟增长了280%。

同时，中国社科院的调查结果也很惊人，2005年，城乡居民幸福感比上一年下降了5%。所有调查都反映了同一个现象：人们的幸福感与经济发展不同步。

这些数据令人很困惑，逐渐步入小康的我们，应当更加幸福，为什么反倒觉得压力大、不幸福呢？想想自己，你的幸福指数有多高？面对紧张的工作和复杂的人际圈，事业和生活是否让你很少感觉幸福？你要怎么做，才能改变现状、点燃幸福感的圣火呢？

首先，是什么让你不开心？既然不开心，就要抛弃它。企业生活丰富多彩，不可能所有事情都令你不开心，不妨将消极因素“提炼”出来，然后把它们统统抛弃。例如，你在内部竞选中失败了，情绪一直很低落，甚至影响到日常工作，不如把这一茬丢得远远的，努力争取下一次机会。

当你沉寂于工作时，坏情绪就被挡在门外，你可以把身心都沉浸在手上的工作中，享受积极进取的过程，不要过于在意结果。

企业承载了员工的喜怒哀乐，让自己快乐的最好办法，便是将好心情放大，并且忽视坏情绪。我常对学员说：“人生没有过不去的坎儿。”你越紧张，越难想出解决办法，为什么不释怀呢？抛弃让自己不开心的事情，你的心灵才有空间去装幸福的事情。

其次，幸福和什么有关？金钱？权利？地位？如今，大家把钱看得很重，我承认，没有钱是万万不能的，可钱也并不万能。如果把自己埋在文件堆中，连喝水的时间都没有，还怎么寻找幸福？不要羡慕人家住大房子、开豪车，他们同样有烦恼，既然压力不可避免，为什么不调整好心态，尽可能让自己开心快乐呢？通过自身努力，我们也可以获得成功，并且得到更丰厚的回报，但前提是不要让自己过于疲惫，否则就看不到沿途美丽的风景了。

幸福是从你内心散发出的美好感觉，幸福在于你用什么样的眼光看待事物，所有事情都存在两面性，如果你将更多目光停留在消极方面，情绪怎么能好起来呢？

如果你拿出积极的心态和百倍精神对待工作，更容易激发内在潜力，有助于提高效率；如果你微笑面对同事，他们也会报以真诚的笑容，这是促进人际关系的良好方法，别总想着不开心的事，否则哪有空间去享受幸福？

◆ 微笑是员工成长最大的能量源

人们说：喜欢微笑的人，总是能交好运。早上，当你走进办公室，如果看到一张张笑脸，心情便会好起来；同事之间热情的招呼，会令彼此沉浸在快乐中；老板对下属微笑，他们就充满了工作积极性。人的内心感受总会从脸上表现出来，而快乐的情绪，又会互相"感染"，如果所有人都在微笑，这便是一个快乐的团队。

一次活动中，我认识了在B企业任职的小梅，这个一直带着灿烂笑容的姑娘，就像一束阳光，感染着每个人的情绪。她的同事说："小梅是个积极向上的姑娘，好像有用不完的精力，做事也非常认真，她脾气很好，喜欢笑，我们都愿意同她交往。"

可见，微笑使得你有更好的人际关系，谁愿意和愁眉苦脸的人在一起呢？哪怕工作遇到再大困难，笑一笑，然后去寻找解决办法。不要觉得整天板着脸，就能在员工中树立威信，其实员工更希望老板是和蔼的，过于严肃会令下属产生胆怯，反而会让他们产生消极想法。

那么，如何让自己快乐起来，并且保持微笑呢？

首先，设想美好的环境，尽量把坏情绪赶走。工作难免不尽如人意，想要随时保持微笑就要营造良好的心理氛围。例如，由于工作失误，老板批评了你，所以心情很失落，不妨设想错误已经被纠正后的情形，你肯定特别轻松，老板也不会再责怪你。

微笑是好情绪的外在表现，哪怕工作再忙，也要留出一些时间放松身心，这时候，你可以回忆过往的美好瞬间，也可以想象自己完成工作后的快乐模样，甚至可以将原本让你讨厌的事情想象成自己喜欢的。在这种积极的心理暗示下，行为也会变得积极，如果你一直对自己说："我很棒"，自信心就会大增。

其次，微笑不过是一咧嘴，嘴角上扬和下弯，会带给你不同的心理状态。我曾让学员在纸上画出笑脸和苦脸，它们的区别，不过是嘴角是否上扬。实际上，简单地动动嘴角，整个人看起来就会不一样，上扬表示情绪高，下弯则反之。

所有人都盼望好的开始，那么，请在上班前，对着镜子扬起你的嘴角，并且告诉自己："一整天都要开开心心。"这便是良好的开始，你微笑着和同事打招呼、向老板问好，就会把好心情传递给大家，如果团队成员都能保持好心情，工作气氛就是温馨的。

微笑是积累正能量的重要途径，好的心理状态，能够带给你无限力量，潜能便会被激发，不妨多多微笑，并且把微笑传递给其他人。

◆ 摆脱沟通痛苦的权利在你手中

如今，越来越多的人为如何沟通发愁，谁都希望对方认真聆听自己，并且牢牢记在心中，但现实并非如此，不少人出现了沟通障碍，他们不禁感叹:“如何保持良好的谈话氛围呢？”

参与沟通的人，情绪会彼此感染，哪怕有一个人心情不好，都会影响其他人，如果大家都能保持微笑，气氛马上就会得到缓和。

沟通的过程中，难免会出现意见不统一的情况，尽量避免争吵，把所有话题和精力放到工作本身，一旦跑题了，效率就会下降。

想要摆脱沟通障碍，主动权在你手中，良好的沟通应当是有效的，不能说了半天，事情一点进展都没有。那么，你要如何做，才能提高沟通能力，成为话题的主导者呢?

首先,尽可能保持心态平和,即便出现意见分歧,也不能意气用事。沟通过程中，氛围很重要，大家是为了某件事情发表想法，评论必须具备客观性，如果带有很强的主观想法，甚至产生争吵，沟通也就没必要进行下去了。

哪怕你不同意对方的想法，也要安静地听他讲完再发表意见，这也表现了你对他的尊重。说话的时候，要看着对方的眼睛，并且保持微笑，显示出你的自信，可以适当增加肢体语言，表现你的专业。

这些，都是展示你良好素质的途径，谁都愿意和有内涵的人交流，你的态度和形象，决定了是否能吸引对方的注意力。

其次，聆听对方要用心，你的诚意会打动参与沟通的人。我曾对学员说:“听往往比说更难。”想要从对方的话语中提炼出有效“成分”，必须边听边记，用心感受对方的情绪，用头脑分析对方的观点。当然，你不可能记住对方每一句话，不妨认真聆听自己感兴趣的部分，当说到其他内容，你可以借机分析之前的话，加快反应速度。

你认真听，对方可以感受到，当你对其观点做出评论，交流就会顺畅很多，大家你一言我一语，沟通的气氛就很浓烈，这样的氛围谁会不喜欢呢？

还有，坚定是促成沟通的有效因素，大家都朝着一个目标走，更便于获得结果。沟通前，要设定好目标，所有人围绕目标展开讨论，让思想、情感和信息在个体间传递，从而达到共同目的。你要把目标"坚持住"，例如，大家讨论活动策划方案，目的是将其办得更好，不能在意见不统一的情况下，就取消了活动，这是违背初衷的。

保持坚定的信念，带着大家朝正确的方向走，谁要是"偏"了，就马上"扳"回来，团队中必须有一个坚定的人，这是提高沟通效率的好办法。

沟通是为了将大家的想法融合起来，形成更全面的观点，所以要保证沟通的有效性，如果由你主导，能否带领大家进行一场融洽的沟通？

改变行为之跳出常规的怪圈

守规矩 or 打破规则，只是个问题！守规矩会产生什么结果？什么时候要尝试和规矩"躲猫猫"？你能从下面的文字中得到答案。

◆ 守"规矩"是一种正能量习惯

老话说：没规矩不成方圆。但是在"80后"、"90后"职场生力军看来,“规矩”是可以被打破的,我曾带领学员讨论一个问题:“规矩”有意义吗?

有人说:“如果企业不设立规矩，所有员工都可以胡来，企业管理就成问题了，管理一旦出现混乱，势必会影响业绩。”

另一些人说:“不少规矩把人看得太死，做事缺乏创造力，工作氛围也死气沉沉的。”

到底谁的观点更正确?

企业少不了一些基本“规矩”，例如，按时上班、佩戴工作牌、穿制服、遵守工作流程、完成岗位职责等，这是对员工的基本要求，也是非常必要的，否则企业会一团糟。从员工的角度说，企业制定的基本“规矩”,是在帮助他们形成良好的习惯,如果上班迟到不被责罚,员工的做事效率就得不到保证;如果可以不遵照工作流程，员工的计划性便得不到保证。

所以说，“规矩”并不全是为了“绑住”员工，反而对他们有利，因为好的工作习惯是顺利完成任务的前提。

当然，谁能利用好“规矩”，谁就能打破固有思维，将新的工作方式带入团队。规矩就像标杆，你迎面撞上，结果肯定头破血流，如果你能够绕道而行,就能顺利到达目的地。工作的时候,难免会被“规矩”阻拦，例如，你负责的专卖店B产品缺货10件，公司规定不允许负卖，也不能向其他门店借货，你该怎么办?取消销售行为，必定影响门店信誉，借货又不符合规定，但是，你可以向其他门店购买，就解决了这个问题。

企业设立“规矩”肯定有道理，如果你觉得遵守“规矩”能对你产生帮助，便是积极有效的，如果“规矩”确实阻碍你的行为，不妨尝试用另一种办法解决。

◆ 你“必须”这样……，“应该”那样……

某天，学员小李向我诉苦：“老师，我觉得没有自由，工作的时候，老板总是说，你得这么干，那样做不行。其实，我每开始一项工作前，都会制定好计划，如果按我的方式来，对结果毫无坏处，反而是老板的想法过于复杂。”

很多人不满足于自己被当成“木偶”，希望获得展示自己的机会，实际上，当老板说：你“必须”这样……的时候，他是把你当成了新人，他觉得有义务带领你工作，他是为了防止错误发生。如何跳出这个“圈子”，通过展示自己的努力和成果，让老板对你放心呢？

首先，形成一套完整的计划，并且拿给老板过目，目的是为了让他了解你的想法，并且给予意见。想要跳出“圈子”，就必须向上司证明自己的能力，如果你的想法更有利于结果，对方怎么会不同意呢？值得一提的是，你不能擅自行动，到底用什么方式完成，还得听老板的，你可以将自己和他的想法做对比，并且把分析结果告诉对方，由他来定夺到底使用哪种。如果老板最终没有采纳你的建议，不要觉得委屈，只要你自由地表达了想法。

其次，通过分析过往经验，向老板讲述你的观点。如果你觉得他的想法不妥，必须找到说服对方的证据，不妨在过往工作中找。例如，老板要你出差处理 G 公司的事情，你可以说，上半年一共出差去 G 公司 5 次，但是结果都不尽如人意，所以自己觉得这并不是最好的办法，不如……你可以借此机会将观点说出，看看老板如何评价。

如果你不想听到类似的话，就得用实际行动证明自己的想法，但是不能盲目工作，以免结果出现偏差，可以把思路呈现在对方面前，如果对方还是决定采用之前的想法，不妨问问他原因，这也是积累经验的好机会。

◆ 企业的责任有你一份

作为团队一员，你有需要自己负责的工作，把这部分任务完成，你便对整体做出了贡献。现实是，很多人在处理工作的时候，并没有大局意识，他们只想到属于自己的那部分，却忽略了整体，导致部分与整体不协调的情况。

试想，如果每个人都把彼此看成是对立的，心就无法聚集到一起，而责任意识的培养却能从根本上解决这个问题。

某次，我去 Y 公司拜访一位朋友，正巧他外出了，让我等一会儿，我便在走廊上散步。这时候，我看见一位清洁工还在劳动，便问他："怎么还没下班，其他员工都回去了。"对方告诉我，他今天请了两小时假，活还没干完，所以要"加班"了。我很疑惑："这是老板规定的吗？"对方说："不是，但是觉得要这么做，每天把办公室打扫干净是我的责任，今天没完成就不能下班。"

我听了有些震撼，连一位清洁工都能保持这样的觉悟，可想其他员工呢？怪不得 Y 公司能够在起家三年内获得这么好的业绩。

不要觉得只有管理者才有责任。既然你挂着该公司的工作牌，就要对自己的行为负责，这也是在对企业负责。例如，你是一名销售员，把产品卖出去不仅在给自己增加业务提成，也在为企业创效益。

有时候，你可能非常疲惫，但是工作还没有完成，身体不想干了，责任还在驱使你。当你品尝成功喜悦的时候，肯定会为这份责任鼓掌，渐渐地，责任会变成兴趣，当你爱上这份工作和这个企业，做任何事情都会觉得很幸福。

在处理工作的时候，要时刻想着企业，多向自己提问："我这么做，对自身肯定有好处，也同样利于企业吗？"工作不是简单满足你的需求，而是找到你和企业的平衡点，企业是个"大家庭"，它不好，会影响每名成员。

改变行为之学会感恩

心怀感恩的人总能看到这个世界的美好，很多事情不必较真，正是因为"不完美"，这个世界才有意义。不如像爱自己一样，去爱企业，不必担心回报，因为你一直生活在"对方"的关爱中。

◆ 悦纳不完美的企业

很多求知者寻寻觅觅，就是为了找到理想的企业，他们不是对薪水不满意，就是感叹企业无法给予广阔的平台。其实，“人无完人”的道理同样适用于企业，哪怕规模再大，它都有可能存在“漏洞”，与其不断寻找和苦闷，不如尝试着悦纳不完美的企业。

怨言是最没有影响力的语言，抱怨不能让你获得任何进步，反而会让内心产生负能量。不论走到哪里，都会遇到很多对企业充满怨言的失业者，他们有一大推理由，甚至能说出企业100个不好，殊不知，问题的关键在于他们自己。习惯了抱怨，责任感和使命感就会渐渐丢失，所以发展道路才会越来越狭窄。

小严大学毕业后，凭借出色的成绩，顺利进入一家大型企业上班，他计划在5年内升为部门经理。

正当小严准备大干一场的时候，却发现企业倡导的文化与实际情况相差甚远，前者希望员工自由发言，提倡基层职员与管理者平等对话，而现实中，管理层很少回复来自基层的声音，虽然部门领导能够表现出耐心聆听的样子，但是极少采纳员工的建议。小严觉得领导们不是真的虚心接受，只是做做样子罢了。于是，他不再向领导提建议，嘴里的牢骚也越来越多，时间久了，他便再没心思工作。常出现失误和工作满意度大幅下降的小严，遭到领导的多次批评。

小严自我安慰道：“换个环境也好。”不久他进入一家外企工作，可没过几个月，他发现这家公司在管理上存在很多问题，于是又满嘴抱怨，甚至还和上司吵了起来。

就这样，5年时间里，小严换了十来个工作，每次都是因为发现企业“有毛病”后主动离开，当初的晋升机会只能成为泡影。

是什么扼杀了小严的升职梦想？正因为他无法悦纳不完美的企

业，所以每当发现企业管理上的“漏洞”后就会牢骚不断。结果呢，他什么都没得到，还白白失去了职业发展的宝贵机会。

卡耐基曾说：“事情的本身不能使我们快乐或悲伤，决定我们感觉的是：看到事物后的反应方式。”

首先，用正确的态度接受不完美的企业，用正确的方式完善工作中的不完美，用理性的思考解决工作中的不完美。生活中，我们几乎没有遇到过完美的人，企业亦然，正因为它是由各种人组成，肯定带有局限性，所以你要正视现状。当然，你可以尝试完善它，但要用正确的方式，可以用商量的口吻和老板沟通，并且说出自己的观点，不要用强硬的态度，否则会起反效果。

其次，企业中蕴藏着无数个成长机遇，任何工作都值得我们用心对待。正因为生活不完美，才格外有意义，要经历很多悲欢离合，这才是最真实的。不如尝试用宽容的心对待不完美的企业，去接受不完美的现实，而不是因此放弃努力。

想要在工作中收获快乐，必须克服困惑，即使眼前的工作有很多令你不满意的地方，也要忍耐和坚持，任何改变都需要时间，企业管理上的改变可能要经过很长的一段过程，但是我们要为企业的进步感到高兴，这也是对你的回报。

◆ 自爱≠自负

我们常说：“要做个自爱的人。”不仅是每天自信满满地工作，还要努力使自己更加优秀，练就强大的心理素质。但是自爱不等于自负，自负的人由于太高估自己，无法用客观的眼光面对现实，所以说，把握好其中的“度”非常重要。

小 A 是个自信的人，也很尊重身边同事，尽管工作很忙，但他还是会抽时间“充电”，每当老板分配任务，小 A 总是说：“行，这事儿交给我，没问题的。”他总能将一切工作打点妥当，哪怕期间遇到困难，小 A 也以微笑面对。

和小 A 同事多年的小 C 却很自负，他一向标榜自己最能干，并且从不听取他人的建议。小 C 说：“我堂堂名牌大学的研究生，还会搞不定这些事情吗？”可往往结果却不尽如人意，老板多次批评他，小 C 总是不以为然，他一直认为，没有人比他更棒。

如果你是领导，会选择谁做你的下属呢？

相信所有人都会倾向于小 A，自爱的人拥有坚定的意志和坚强的性格，自负的人会高估自己，很难正视客观事实。你要尊重自己，并且让自己变得更强，同时也要避免自负，过于自信的人容易轻敌，导致不良结果的发生。

首先，不断进行自我激励，培养坚毅的品格和良好的心理素质。你可以通过了解自身优势，逐渐培养自信，并且给予自己积极的心理暗示。例如，对自己说：“我很棒，我一定能完成工作。”还可以进行角色模仿，将自己想象成英雄人物，有助于你增加正能量，这便是所谓的“榜样力量无穷大”。

当然，你还要相信自己有无限潜能，特别是在“紧急情况”下，保持精力集中，是积蓄力量的好办法。

古今中外，凡成大事者都具备坚毅的性格，遇到困难不要胆怯，避免出现逃避心理，而是想办法解决它，要相信“办法总比困难多”。

其次，为什么有些人会自负？该如何克服呢？自负是过于自信的表现，最终导致骄傲自大，刚愎自用，谁的建议都听不进去，就是要按照自己的想法做，违背客观规律的结果肯定不会好。高估自己的才能，会认为“我”非常了不起，谁都不放在眼里，正因为自负的人有很强的虚荣心，所以处处表现得锋芒毕露，目中无人。

古人说：“满招损，谦受益。”谦虚谨慎的人，总是受到欢迎，所以他们能保持良好的人际关系。除了戒骄戒躁，你还要有“海纳百川”的胸怀，每个人都有属于自己的长处，如果你愿意虚心请教，一定能提升素质，让自己变得更强大。还有，与其“锋芒毕露”不如“韬光养晦”，越是才华横溢的人，越低调，那些乱晃的可都是“半瓶子”醋。

所以说，自爱令人进步，自负让人堕落，两者从内涵到表现形式都存在很大差异，不妨做个自爱的人，在良好的自我激励中慢慢进步。

◆ 和企业谈一场“恋爱”

回想当年，刚迈出校园的我们，都渴望一份梦寐以求的工作，做喜欢的事情，并且有发展，就这样，大家带着憧憬开始职场生涯。正当我们慢慢熟悉企业的时候，发现工作其实非常枯燥、乏味，甚至每天都能听到很多抱怨，也没有什么挑战性，自己好像“审美疲劳”了，再也提不起精神，什么幸福感、喜悦，统统被埋没了。

谁都羡慕那些共同生活几十年，依然保持恩爱的夫妻，由此想到，为什么不能和企业谈一场长久的“恋爱”呢？无论管理者还是普通员工，都面临一个现实:必须长期、努力地工作,甚至你可能在这个企业干很久。所以,为什么还花时间抱怨、生气、争吵,不如好好经营一段“恋情”。

首先,要像“忠心”恋人一样爱岗敬业,想“抱得美人归”,必须用心而且专一。常看到这样一种人:他们善于投机取巧,或是阳奉阴违,领导在的时候做事,甚至表现得非常勤快,等到领导离开,他们马上丢下工作,跷着二郎腿;还有一些人,缺乏责任心,非常懒散,又喜欢抱怨,工作遇到困难就推诿搪塞,既然他们这么讨厌工作,还怎么会和企业产生感情呢?不爱工作,工作也不会爱你,既然是“谈恋爱”就要用心,才有可能修成正果,你越用心做事,越有可能取得好成绩。

其次,爱一个人,就要爱他的全部,对待企业亦如此。既然你选择在这里上班,就必须接受不完美的它,工作在给你带来快乐的同时,也会增添你的烦恼,你要学着包容它,真正把和自己朝夕相处的企业看成“爱人”,恋爱的天气总是阴晴不定,相爱容易,相处却很难。工作遇到障碍,同时也会遇到低潮期,如果状态不佳,就要尝试采取些有益身心的调整方式,帮助你走出阴霾。

任何人都会遇到自己不喜欢的工作,就像你会讨厌恋人某些“缺点”一样,不妨回忆之前的美好瞬间,想象一些积极的场景,赶快结束这些工作。

每天早上,记得认真打扮自己,然后精神抖擞地去和企业“谈恋爱”,避免“约会”迟到的最好办法,就是早一点出发,抱着“将爱情进行到底”的想法,才能和企业保持良好关系。

工作和恋爱有相同目的,都是为了幸福的未来。现实生活中,我们缺少的不是能力,是坚持不懈的精神,不妨给自己定个目标,将工作看成“女神”、“信仰”和“使命”，把和企业恋爱看成一种荣耀，心中便会洋溢满足感，这些都是让你坚持下去的动力。保持恋爱般的激情去工作，争取谈一场幸福的“恋爱”。

改变行为之建立良好人际关系

良好的人际关系，是迈向成功的第一步，因为与人打交道占了你日常工作的70%，你不仅要尊重别人，还得保持平常心，用真诚打动对方，不吝啬自己的帮助，因为你们是一个团队，相互关爱是团队得以发展的基础。

◆ 避免成为赞美的“奴隶”

作为世界上最好听的语言之一，赞美声滋润着所有人的心灵，当你赞美他人，对方的脸上会洋溢笑容，当别人赞美你，心中会扬起美好的情感，可见，赞美的力量多么强大。然而，有些人却成了赞美声的“奴隶”，甚至听不到赞美就会缺乏动力。

我曾收到一位学员的邮件：老师，我是刚毕业的职场新人，从我走进公司第一天起，就决定努力工作，于是，我获得了很多赞美，同事觉得我很温和，做事认真，老板觉得我能力不错，也肯吃苦。我觉得努力有了回报，工作越来越有干劲儿。可是，渐渐地，赞美声少了，我担心是不是工作上出现失误，整天提心吊胆，之前的积极性好像都被磨灭了。

我是这样回复他的：别人对你赞美，是肯定你在过去时间中的努力，并不代表未来，更不能成为你前进的唯一动力，作为新人，同事和老板觉得你很优秀，是因为他们以新人的标准衡量你，一段时间后，你成为“老员工”，自然有另一套标准，与其为听不到赞美声而不快，不如寻找让自己更优秀的途径。

不论是否听到赞美，都应当用平常心对待，赞美只是提升正能量的途径之一，并不是你的唯一动力。那么，你要如何做，才能避免成为赞美的“奴隶”呢？

首先，客观对待赞美，看看自己是否真的“称职”。别人对你的赞美，并不都能反映客观事实，有些是夸大的，有些不及你所做的，如果你在某些方面有较好表现，不妨将经验记录下来，有助于你获得更大进步。如果赞美不属实，你也要学着正视，把它当成对自己的期望。例如，你今天只完成了三分之二的工作，但听到同事说，你真了不起，只用了一天，工作就差不多完成了，其实你远没有达到这个程度，但是你可以将其看成激励自己的目标，下次再做同样事情，争取在一天内完成。

其次，不论是否听到赞美，都要努力工作。我们所有的努力，不是只为了一句“不错，你很棒”，而是要寻求真正让自己幸福快乐的要素。赞美只是他人对你的评价，如果人家太忙了，忘记评论你，难道就表示你做得不好吗？

因此，不论是否能听到赞美，内心都要保持源源不断的动力，去努力奋斗，去修正错误，去创造更美好的东西。评价他人好与坏，肯定会站在自己的立场上，并不是所有评价都很客观，赞美亦然。只能将赞美看成对你的鼓励，并不能使之成为衡量自己优秀与否的唯一标准。

别再做赞美的“奴隶”，你奋斗可不是为了一句赞美，不过，你可以从赞美声中提炼出能量，让自己更加强大。

◆ 未获得领导赞许的挫败心理

工作的时候，谁都希望得到老板的赞许，哪怕对方只说一句话：“嗯，你做得很好。”你都会非常开心地完成后面的工作；反之，如果没获得赞许，便开始惴惴不安，甚至胡乱猜测：“我是不是哪里做得不好啊？”心里越乱，思维也就越混乱，肯定会影响之后的工作。

先看一个案例：

在G公司上班的王明，最近开始着手一项新任务，由于准备充分，工作进展得很顺利，一天，老总来检查进度，觉得王明表现很好，便赞许了一番。

听到老板赞许后的他，干劲儿更大了，常常加班到很晚，想着尽快完成工作。

一周后，老总又过来，他翻了翻王明的报告，没说什么，只是点头示意他继续做，这时候，王明按捺不住了，他想：“老板是不是不满意这周的工作？是哪里出现了问题？老板怎么不明说呢？”

越疑惑，王明越心神不宁，他觉得头很疼，思维混乱，工作效率明显下降，当老总再次来检查工作，表现得非常不满意，并且批评了他。

其实，领导是否赞许你，都不应当成为左右你情绪的重要因素，表扬只是额外奖励，并没有写在“制度”中，所以对方也会将此看成“额外工作”，你过于重视，就会陷入恐慌，一旦领导没有赞许你，你便会觉得工作出现了问题。

赞许是人们不由自主地从内心发出的感叹。只是，当事人是否会发出赞许之声，用什么样的方式、语气赞许会受到很多因素影响，例如，情绪，如果领导今天情绪很差，甚至检查工作只是在走“过场”，他肯定不会太在意你做事的结果，还怎么会抱以赞许呢？时间，有时候领导会在很紧急的情况下，大致看看你的工作，他得把时间用在说更重要的话上，至于赞许，完全可以留到你完成整件事情后。

可见，我们并不是随时随地能听到赞美，它是在“天时、地利、人和”的情况下孕育而生，想到这里，你还会为听不到赞许而郁郁寡欢，甚至影响日常工作吗？

领导没有给予你赞许，并不代表你不优秀，反而对方是用更高的标准要求你，为何还会产生挫败感呢？例如，你觉得自己在一天内完成了 10 项工作，一定会受到老板表扬，可对方并没有表扬你，是因为他觉得，以你的能力完全可以做到，这是信任你的表现。

既然赞许声很动听，不如将其看成激励自我进步的动力，通过不断提升能力，将工作处理得越来越出色。当然，老板没有表扬你，并不代表你做得不好，所以没必要产生挫败感。

◆ 良好人际关系助你获得成功人生

人是社会的动物，我们每天都处在和别人交往之中。人际交往构成了人生的重要内容，我们每个人都是在复杂的人际交往中不断成长，不断进步的。

人际关系是一种资源，一种财富。我们现在工作所要追求的收获不仅仅是赚了多少钱，积累了多少经验，学到了多少知识，更为重要的是我们认识了多少人，积攒了多少人脉。这些人际关系不仅在你现在的工作中能发挥作用，即使你离开现在公司，或者自己创业，仍会发生重大作用。因为在你以后遇到困难时，这些或许都会给你带来莫大的帮助。人际关系是一种让人终生受用不尽的无形财富。

我们每个人都不是孤立的，每个人也都有着自己的优势与不足。所以我们应当学会与他人分享，与他人互助互利，这样在遇到问题的时候才不会感觉孤立无援。

每一个成功的人都有属于自己的关系网，他们十分用心地经营着这张关系网。在人际交往中，或许你会发现一家不错的餐厅，一处美丽的风景，一位聊得来的伙伴，甚至一位心爱的妻子，抑或是一种独到的商机。良好的人际关系会让我们更轻松地获取更多的社会资源，了解更多的资讯，能让我们更快地走向成功。

我有一个在不大不小的企业里做销售的朋友，空闲的时候，他会在微博或是论坛上将这几年他的工作经历、感悟、思索放在网络上，同广大网友一同分享。后来有一次他在一些行业论坛上浏览网页的时候，发现了一篇很精彩的文章，于是就给那篇文章的作者留言，阐述了他自己的想法，并且毫不吝啬地为那位作者留下了赞美之声。他和那位作者在网上一来二去便成了朋友。有一次那位作者由于工作需要，经过我朋友所在的城市，便打电话约他出来见面。两人在一起交谈了两个多小时之后，那位作者递给我朋友一张名片。原来那位作者是一位大型企业的老板，经过对我朋友深入地了解之后，他诚挚地邀请我的朋友加入他的公司。现在我朋友已经是那家公司高层主管。据他所说，他已经通过网络这一平台，认识了将近20位知心的朋友，此举为他大大开拓了自己的人际交往面，将他的人际关系拓展了不少。

我的朋友通过人际交往，找到了志同道合的朋友，让自己的事业攀登上了一个新的高峰。良好的人际关系会为你带来意想不到的机会。良好的人际关系就是人与人之间搭设的一道桥梁，人际交往就是花一生的时间去结交友谊，人际交往的过程中往往能带来重要的信息交流。这些信息交流或多或少会给你的生活与事业带来正能量与帮助。

多花点心思去经营自己的人际关系网络，不要忽视自己的朋友，成功的事业、美好的人生离不开良好的人际关系。

◆ 幸福源自亲情、友情、爱情

所有人都在追求幸福，幸福到底从何而来？从出生开始，家人就一直陪伴在身边，有了他们的照顾和关心，你会觉得幸福；渐渐地，我们有了自己的朋友，大家相互帮助，无话不说，你也会觉得幸福；后来，我们开始寻找属于自己的爱情，恋人亲密无间，时刻保持甜蜜，自己就像被幸福包围了。所以说，幸福源自亲情、友情和爱情。

虽然每天要面对忙碌的工作，很多人感觉身心俱疲，甚至没有太多闲暇顾及内心的感受，正如很多人所说："我麻木了。"为什么要给自己这样的暗示呢？幸福指数的高低，完全可以由自己掌控。如果你能够用真诚的心面对同事、领导、客户和其他与之相关的人，便也会得到热情的回应，正因为太多人不愿意付出"情感"，别人也很难对你敞开心扉，老是觉得你们之间有隔阂，幸福感从哪里来呢？

小丽是浙江人，大学毕业后，独自去了北京工作，在这个陌生的城市里，小丽很希望能交到朋友。凭借温和的性格和爱笑的特点，她很快融入新公司，随着交往的深入，大家都觉得小丽非常好相处，渐渐地，她与一帮年轻人成为很要好的朋友，经常组织聚会，大家都非常开心。

可见，当你愿意向其他人展示你的好性格，他们也会坦然接纳你，何必让自己成为“刺猬”，拒人于千里之外呢？人际交往的好坏，直接影响你的心情，因为几乎所有工作，都要与人打交道，即便是领导把任务分配给你，最终也要和对方讨论结果。

既然工作就是与人相处的过程，为什么不把最快乐的一面展示在对方面前呢？想要获得幸福，不能等着“感情”来找你，而是应当主动些，去关心身边的人，同时不断改善自身性格，令你变得更加受欢迎。

既然已经找到积攒幸福的源头，就要努力令亲情、友情和爱情丰满起来，即使工作再忙也不要忘记常常看望家人、和朋友聚会、与恋人约会，这不仅是自我放松的好机会，也会令你的心情好起来，有助于营造良好的心理环境。幸福感是帮助你增加正能量的“好帮手”，幸福的人，会觉得自己有好运气，才会更加自信，更容易激发内在潜力，所以说，把握好身边的亲情、友情和爱情，做个幸福的职场人。

◆ 得道多助、失道寡助

有一次，我在给学员上课的时候提到了孟子，我说孟子有一句话对我们生活中的启示非常大，“你们知道是什么话吗？”学员们七嘴八舌地讨论着，我却始终未能听到我自己想要的答案，于是我在白板上写下了“得道者多助，失道者寡助”这句话。学员们纷纷表示这是一句耳熟能详的话，更有爱好古文的学员说出了这句话的出处。我说：“为什么以前一个班级的同学在毕业后有的很快地找到好工作，有的在找工作的时候则是四处碰壁；有的在职场里总是如鱼得水，左右逢源，有的则总是举步维艰？”我问他们：“你们在工作中遇到过这样的情况吗？”

一位女学员说道：“这种情况我遇到过，我感觉我的一些同事、同学总是能获得很多人的帮助，而我自己总是感觉获得的帮助特别少。”

没错，我们在生活中总是有这样的感觉，他总是“一个好汉三个帮”、“众人拾柴火焰高”，自己呢，总是一个人孤军奋战。为什么会有那么多的人愿意帮助他呢？

人际关系于我们而言非常重要，所有事业的成功都离不开人际关系。卡耐基曾经说过，一个人的成功不仅仅在于他所拥有的技术或者才能，其中80%的因素应该归功于他的人际关系与他的为人处世的能力。俗话说：多个朋友多条路。广交朋友你才会有更多的路可以选择，也是你走向成功的重要因素。

人和人之间的关系究竟该如何相处？如何改变现有的人际关系，如何提升自己的人际交往能力，都是我们应当重视的问题。

阿KEN是我的好朋友，他性格随和，待人和气，在公司里面的人际关系非常好。一次公司准备提拔一名部门主管，同事们大多推荐了阿KEN，于是阿KEN就顺利当上了部门的主管。我和阿KEN开玩笑说:“没想到你在公司的魅力这么大，会有这么多人支持你。你的人际关系究竟是如何经营的这么好的?”阿KEN笑了笑，说道:“因为我把每个人都看作是我的朋友，我尊重他们，我虔诚地对待我的每一个朋友。”

敬人者人恒敬之，你不去尊重他人，又怎么能让别人尊重你呢。尊重身边的朋友或者同事、客户，真诚地对待他们，他们也会真诚地来帮助你。

我有一位朋友D，他的主管领导M没什么能力，完全是凭着跟老板的亲戚关系才在公司做一名小小的部门经理。在D和他的同事们眼中，M就是一个马屁精。除此之外，他还喜欢向老板打小报告，自己什么都不会还喜欢对别人指手画脚。D和同事们都对M非常不满。M布置的每一项任务，D和同事们都会带着强烈的抵触情绪去做，导致做事的效率非常低下，最后公司老板了解情况后将M调走了。

当今社会是一个开放的社会，也是一个竞争激烈的社会，只有塑造出良好的性格，在社会交往中真诚地对待他人，别人才会真诚地对待你。

得道多助，失道寡助。只有拥有良好的人际关系，你才会获得更多的帮助，获取更多的资源，你才能走向事业的成功，攀登人生的高峰。人际关系就是一种力量，许多人通过人际关系改变了自己的事业，自己的人生。很多人的成功离不开人际关系，同样很多人事业的失败也脱离不开人际关系的失败。良好的人际关系能帮助你度过人生中的坎坷，为你铺就一条通往成功的康庄大道。

改变行为之运用正能量，迎接新生

曾几何时，“正能量”成为生活中的流行语，不论你以前如何，将来要去做什么，积极的心态都会成为推动你发展的原动力，不要小觑了正能量，它是你迎接新生的精神基础。

◆ 你有没有这样的标签：“我以前怎样怎样”……

这些天我的学员 Ben 总是向我抱怨，他在以前的公司是技术骨干，可是在现在的公司呢，却总是不受到重视，虽然薪水比之前高，可是存在感、价值感却没有之前高。Ben 说：“我在以前的公司，凡是接到项目都会有我参与，而且我是核心技术人员。我创造出很多成功，可在这家新公司，我觉得没有受到重视，因为现在公司的规模比以前的公司大很多，人才也多。”Ben 自嘲地笑了笑，说道：“我感觉自己就是酱油瓶，在一个项目中我再也不是核心技术人员了。”

很多人都会有这样的情况，很多人都会拿过去和现在做对比。当现实不如意时，人们往往会沉湎于过往，沉溺于过去的辉煌。面对过去，人们常会说：“我曾经如何如何”，神采飞扬；而面对现在呢，往往则是一声叹息。

过去再怎么辉煌，那也只是过去的成功，人是活在当下的，不是存在于过去中的，看淡自己曾经的辉煌，脚踏实地，重新开始自己新的一段旅程。

DE 曾经是一家公司的部门经理，业绩非常出色，但他为了自己的事业发展依然选择了现在的公司。现在的公司对他来说无疑是一个更大、更高、更广阔的平台。

来到新的公司之后，DE 的身份转变了，他从一名经理变成了一名小小的基层职员。DE 并没有像我想的那样表现出抱怨、牢骚、不积极，相反他以全身心投入新的工作中，他很快适应了自己新的角色，他在基层踏踏实实、任劳任怨地工作着。

我很纳闷，为什么 DE 能够这么快速地适应自己身份的转变。DE 告诉我说，以前的公司规模不大，以我的能力脱颖而出并没什么值得骄傲的，但现在我所在的公司，是一家跨国企业，人才济济。我明白我在这里并不是最顶尖的人才，所以我在这里虚心学习，认真做事。在这里我就是一个晚辈。我要在这里进一步提炼我的技能，锻炼我的能力，好让我能应对工作中更大的挑战。

Ben 和 DE 都是从原先公司的核心人才转变为新公司的普通员工。所不同的是，Ben 的态度是消极懈怠的，DE 则是积极乐观的。Ben 总是沉湎于过去，经常说“我曾经如何如何”，心中压抑着对现在的不满，却不去想怎么改变现状；DE 则是不断地成长，不断地拼搏，不断地进取。前些日子 DE 告诉我他升职加薪了，而 Ben 呢，仍然是过着“当一天和尚撞一天钟”的生活。

你是不是也有过这种缅怀过去的辉煌，而不肯面对现在的情况呢，你是不是也常常将过去的成功与辉煌挂在嘴上呢。对待过去，我们要看淡，再怎么辉煌，再怎么样那也只是曾经。重要的是你现在怎么样。过去是一种激励，过去不是一种负担，不是一种牵绊。过去成功的案例是你宝贵的经验，是你能力的体现，是你成长的积累。但这些都只是现在的踏脚石，是我们现在成功的助力。我们要用积极乐观的心态去面对当下，就像 DE 一样，始终保持着一颗谦卑的心去学习，去应对更多的挑战。过去，不是让我们自大，是让我们积累，来解决遇到的新挑战、新难题。

我们往往不满于现实，我们总喜欢拿现在和过去比较，可是比到最后我们获得了什么，只是不满，甚至是懊悔可惜。这些都是我们职业发展中的负面因素。我们真正要做的是摆正心态，不自大，不自卑，以谦卑的心看淡过去，脚踏实地地经营着现在。

◆ 如何变得更自信

常常会遇到一些刚刚走出校门，参加工作还没多久的大学毕业生向我倾诉他们的烦恼。他们告诉我说他们非常的迷茫，他们不知道应该去做什么、能做什么，似乎事情总是不顺利，往往与他们预期的结果相反。离开校门，走向社会之后，庞大的压力、理想与现实的落差使得他们变得非常的不自信。不自信的后果就是导致他们越来越颓废，工作态度越来越消极，对生活越来越失望。不仅仅是他们，有些在职场上打拼了很久的人也常常对自己、对自己所从事的事业产生了种种的不自信。种种的负面情绪被带到了工作和生活中，结果使得原本就不乐观的工作和生活变得更加糟糕。情况越糟糕，自己就会变得越发地不自信。

有许多人跟我说要去做什么什么事情，我问他们说："你对你要做的事情或是你自己有信心吗？"他们往往会回答我："没有信心。"我就说，如果你对你自己要做的事没有自信，那你所希冀的成功就只能依靠运气。如果没有自信，那就去寻找自信；如果自信心不足，那就去想办法提升自信心。

如何让自己变得更加自信呢？

自信是由内而外散发出来的一种表现，我们要在别人面前自信地侃侃而谈，我们要对工作有信心，相信自己能胜任它，我们首先要做的就是让自己肚子里有"货"，多学习，多思考，自己有积累才会有信心。只有自己觉得充实，我们才能有信心去面对生活。

其次我们要对自己多做一些鼓励，不断地给自己一些心理暗示，自己要相信自己是非常出色的。同时可以制定一些小的、容易实现的目标，并且让自己不断地朝着这个目标去迈进。当我们逐渐地实现了自己制定的小目标时，我们就会觉得原来我们还是有能力去做好一件事情的，自己还是非常棒的。这个时候，我们的自信心就会越来越强。

当我们已经为自己逐步地找到自信的时候，可以尝试再做一些有挑战性的工作，比如自己害怕尝试的事。当我们能下定勇气做出改变，做出突破的时候，我们已经比先前自信许多了。

我们还要学会如何同别人交流，人与人之间的沟通是非常重要的一件事情。通过沟通交流，我们也能逐步地提升自信。

我们每个人都有自己的长处，我们每个人都是这个世界上独一无二的个体，我们要引导出自己擅长的方面，发掘出自己的闪光点。从这里入手，向别人展示我们的优势，我们要相信自己拥有巨大的潜力，我们要不停地鼓励自己：我能行。

Dannie以前就是一个不自信的人，后来他发现越不自信，生活就越糟糕，这是个很糟糕的恶性循环，于是他要寻求改变，他要提升自己的自信心。每天早上，Dannie都会给镜子里的自己一个灿烂的微笑，告诉他今天会有多么的美好。Dannie给自己做了详尽的安排，让自己的生活充满了充实感，不断地去学习、去积累。慢慢地，Dannie的心态越来越好，越来越积极乐观，整个人也越来越自信，生活也越变越好。

自信体现了一个人的精神状态和生活态度。自信往往代表了乐观积极，自信的人生总是会丰富多彩，我们告别自卑，对不自信说“NO”，提升自己的自信心，迎来多彩的人生。

◆ 重新掌控生活的秘密

伊斯兰先知穆罕默德在一次传道中，指着一座山向信徒们说道“现在我将施展一种移山之术将那座山移到我们另一边。”说完便开始施展移山之术，可是远处的山纹丝不动。于是穆罕默德率领信徒走向山的另一头，对他们说：“看，现在山到了我们的另外一头了。当我们无法改变外部的环境时，我们却可以改变我们自身。”

相信绝大多数的人都会对现在的生活有所不满，都想要改变现在的生活，却又苦于无能为力，从而陷入深深的苦闷之中。殊不知，想要改变生活，先要改变的是自己。而每个人却又不想改变自己。不先改变自己，又怎么能去改变生活呢。

一个人的心态决定了他的成败，甚至是他的一生。我们拥有积极的心态，勇往直前，才能把握生活的节拍，掌控生活的秘密。

首先我们要认识自己，给自己一个清楚的定位。曾经有一个哲学家，非常渴望能够一个人去大海上航行，可是经过他的缜密分析后竟然发现种种理由让他不要去冒险，比如说他晕船，比如说那片海域海盗很多，他的小船很快就会被海盗的大船给俘获。可是不去海上航行呢，这位哲学家又不甘心，他心里不断地涌现出一种想法：我一直是一个幸运儿，这一次一定也不会例外。最后哲学家还是出海了，结果自然像他分析的那样，他被海盗俘获，成了海盗的战利品。我们应当给自己清楚的定位，不应当被感觉牵着走，自己应该清楚自己能做什么，不能做什么。

其次，我们要让自己的心“慢”下来。有的人渴望在短时间之内就获得成功，结果就走了急于求成的路子。做事情不能急躁，单一的追赶进度，最后难免控制不住质量，从而变成空中楼阁。一步一步稳扎稳打，巩固基础，到了一定的程度，自然水到渠成，化茧成蝶。

我认识一个小伙子，是一名司机。以前他的性格非常急躁，所以他开车非常快，我说这样不行，你又没什么事情还开这么快，很不安全的。不仅仅是开车这一方面，其他方面他也是急急躁躁、风风火火。他说没办法啊，我的性格就是急，你让我慢一点太难了。后来有一次他因为自己的车速过快，差点跟前面的车追尾，酿成事故，他才一阵后怕，幡然醒悟。从此以后，他刻意改变自己急躁的性格，尽量地让自己的心“慢”下来。

最后我们要学会知足常乐。现在很多人，他们的薪水在不断地上涨，财富不断地累积，但是他们的满意度却没有随着财富的增加而相应增加。在相同的环境下，同样是一百万元，有的人觉得可以拿这一百万元做很多很多的事情，有的人却觉得这一百万元远远不够使用，自己的欲望远远无法得到满足。自己总是眼红别人取得的成就，哪怕自己做得再好，似乎也比不上别人。

保持良好心态非常关键的一点就在于知足，我们要学会享受自己的生活。每个人都有不同的生活道路、生活轨迹。我们只要觉得自己过得充实，何必去钦羡他人呢。

有这样一种说法，幸福其实很简单，自己和家人身体健康，有两三个知己好友，一个谁也盗不走的爱人，那人生其实也就非常幸福了。

我们往往改变不了大环境，但是我们却可以改变自己，所以我们要学会在生活中寻找到美，找到阳光的、明亮的、不一样的风景。

◆ 摆脱旧我，和企业共迎新生

每天晚上入睡前，我都会思考今天我做了什么，哪些是对的，应当坚持的，哪些是错的，应该反思的。每天早上醒来我会在床上想想昨天的我是什么样，今天我要去做些什么，让我有所成长，有所进步。

不论是个人还是企业，抑或是一个机制，想要去转型、去寻求一种改变都是一件很难的事情。旧我，就像是一个魔咒，紧紧地束缚着你。惰性、胆怯、习惯、害怕改变重重地压抑着我们不敢去付诸行动去改变。当我们开始觉得生活就像是一潭死水，渐渐地失去了当初的激情的时候，当我们觉得事业的发展遇到瓶颈的时候，我们是不是就该反思一下，是什么造成了这个结果呢？是不是有些负面情绪阻碍了我们的发展？是不是到了该摆脱这些负面情绪，打破旧我的时候呢？

人大概会有五十多种负面情绪，比如推卸责任、喜欢找借口、懒惰、自卑、焦躁、胆小、自私，等等。这些负面情绪就是我们成功路上的拦路虎和绊脚石。当这些负面能量越来越大、累积越来越深时，就会超出你的承受能力。到时候势必会影响自己的工作、生活和人际交往，说不定也会给他人带来不好的影响。

负面的情绪是旧我，我们要和它们说“拜拜”；古板的规矩与习惯也同样是旧我，我们也应当告别它们；狭隘的眼界也是一种旧我，我们也应该去打破它；差强人意的人际关系也是旧我，我们要去改善它。凡是我们因为自身的种种缺憾、不足从而影响到我们的成长与进步的，都可以看作是旧我。

摆脱那些循规蹈矩，摆脱那些懒惰，摆脱那些陈旧，摆脱那些不足与负面，告别旧的我，做一个精神的、乐观的、积极向上的、阳光爱笑的自己。

如何摆脱旧我呢？首先我们要有良好的心态，就像前面说的，良好的心态就是成功的一半，面对困境的阻挠时，良好的心态会比负面的情绪承受力强得多，应变能力也强得多。

一个负面的心态很难应对艰难的逆境，一个负面情绪很重的人很容易受到种种挫折的干扰，稍不如意，就会丧失信心，失去动力。相反，一个积极乐观向上的人，面对困难的时候，会乐观地对待它，不屈不挠，勇往直前。

其次我们要有坚定的意志，以及一颗敢于挑战的心。在重要的时刻敢于奋力拼搏，在接受挑战的时候，有十足的信心。我们做事更离不开毅力与恒心，坚定的意志能够让你在迷惘时不惧怕，低落时不失望，一个人能够坚持不懈，不放弃自己的目标与理想，半途而废成就不了成功的事业，成功的事业也经不起自己三番五次的放弃与动摇。只有意志坚定、坚持不懈能成就大事，浅尝辄止、半途而废只能注定失败。

时代在进步，企业在发展，逆水行舟，不进则退。若是我们还停留在原地，不思进取，不寻求改变，那么终有一天会跟不上发展的潮流、进步的节拍，无法适应新的环境，无法完成企业所布置的新的任务。

摆脱旧我，与企业共迎新生，也为了让自己、让家人有一个更美好的未来，更广阔的天地。